PACKAGE DESIGN

包装设计

王炳南————————著

文化发展出版社
Cultural Development Press

图书在版编目（CIP）数据

包装设计/王炳南著.－北京：文化发展出版社，2016.9
ISBN 978－7－5142－1461－1

Ⅰ．①包… Ⅱ．①王… Ⅲ．①包装设计 Ⅳ．①TB482

中国版本图书馆CIP数据核字(2016)第177724号

版权登记号：01－2016－7769

包装设计

王炳南　著

责任编辑：李　毅
特约编辑：赵红梅　　　　　　　　责任校对：岳智勇
责任印制：邓辉明　　　　　　　　责任设计：侯　铮
出版发行：文化发展出版社有限公司（北京市翠微路 2 号 邮编：100036）
网　　址：www.wenhuafazhan.com　www.printhome.com
经　　销：各地新华书店
印　　刷：北京宝隆世纪印刷有限公司

开　　本：880mm×1230mm　1/32
字　　数：200千字
印　　张：9.75
印　　次：2016年11月第1版　2020年3月第4次印刷
定　　价：69.00元
Ｉ Ｓ Ｂ Ｎ：978－7－5142－1461－1

◆　如发现任何质量问题请与我社发行部联系。发行部电话：010－88275710

目录 | CONTENTS

前言 | FOREWORD

关于包装设计这门课

设计行业横跨的领域相当广泛，以平面设计为例，其下又可分为许多独立的项目。设计业中大家最为熟悉的就是"广告"，广告与人们的日常生活息息相关，其传播效果最为直接且有效，其趣味与创意往往能造就风潮，成为设计产业的时尚学派，吸引大批年轻人投入从业。

但同为平面设计范畴中的"包装设计"，虽没有广告业多元有趣。但是一位专业包装设计师的养成，绝非一朝一夕，没有三到五年的基础实务培养，很难有稳定的表现。一个成功的包装作品，其成就与一则商业广告相比，其落差在于广告是以"大量主动式"的传播法来达成行销目的，也就是属于"暴冲性的视觉设计"，而一件商品包装则是"个别被动式"的传播载体。两者在创作过程中付出的时间及精力一样，但以传播收效来看，广告创作者的成就满足感却远比包装设计师大。

深入探讨广告与包装设计的差异，除了表现的方式、媒介、目的、载体的不同外，最大的差异还是在前置作业。广告创作的作业型态由于设计层面较广，需团队作业链支撑，而包装设计则可由设计师独立完成。团队作业模式需要小组成员达成共识才能进行下一步，最后成败是由成员共同承担。在各种寻求共识的过程中，成员个人的风格会逐渐消融。对于创作人而言，妥协之下发展的作品，或许就没那么多热情想要去拥抱它了。

　　回来谈谈包装设计这门专业，一个好的商业包装作品，爆发力及持续力往往比短期的商业广告来得深远。许多商业广告表现素材都是撷取自包装创作元素，加以组编后制成广告。在一个产品的开发过程中，包装设计的开发远比广告更早介入。一个专业的包装设计人员，能在产品中找出亮点，为其制定概念及定位，透过视觉化使"产品"转换成"商品"。

　　当广告人凭借创意站在舞台上成为焦点，接受众人的喝采与肯定时，这样的荣耀对幕后的包装设计人员是鼓励也是砥砺；广告人天生注定站在舞台上，包装设计师却是在幕后默默耕耘，掌声或许稀少，但没有幕后的贡献，商品也无法一蹴而成大放异彩。

　　现今有心从事包装设计工作的人愈来愈少，想要跃上舞台的人，却争先恐后地投入广告业之中。笔者从事八年正规广告公司工作后，最后决定离开团队的工作链，自我摸索包装设计的新领域，一步一个脚印地朝专业包装工作者迈进。取自团队作业的优点，自组小型包装设计公司，通过不断试验与修正演化出理想的作业模式。至今已有三十多年来的设计工作经验，从平面到包装、再到立体结构，跟随时代与包装工业的演进，时时记录当下，今有机会分享个人的经验，祈求有更多的活水注入，让包装设计领域发光发热。

进入专业的科学包装创作

当一个行业或一个市场人才投入比例愈多，就会得到更多重视，注目率一旦提升，行业愈热门，业界相对竞争也愈激烈。在竞争的情况下，愈能激发丰沛的创意与质量。当优质的作品愈多时，包装业聚集的荣耀就愈大。客户能在众多优秀的从业人员中得到高品质的包装作品投入市场，所获得的良性回馈也愈大，业主也更愿意将资源投入商品包装设计。

想要投身包装设计领域，在心态上需有很大的转换，只用平面视觉的设计经验来看待庞大的包装设计系统，是完全不够的！抱持这样心态所设计出来的包装作品，可能只达成"视觉"部分的美感，而没有做到整体"完形"[1]的设计规划；视觉的美丑在于主观的认定，而完形认定就客观得多。

有人说广告创作是很科学化的行业，这话一点也没错。广告一切都看"数据"，首先做市场调查，从分析中找到机会点，再来定方向、策略、找目标客群，拍一部广告片也需要拿去调查研究一番，最后投放广告。投放一段时间后，还要观察市场消费者的反应，再决定下一步是加码投放还是修正或停播。一切广告的操作其背后都是由数字来决定，这些数字背后所代表的就是一连串的科学统计行为。但别忘了数据固然可精准地统计出来，但需经过诠释后才能运用，因此一个有丰富经验的解读人对广告来说是极重要的。

　　同样地，一个完形的包装设计作品，也需要很多科学化的基础来支撑。它像广告一样是建立在"客观"下的工作，而非一张建立在设计师主观意见下做出的包装设计稿所能够相提并论的。完形包装设计领域里所提的客观是："策略"及"技术"。若说策略是软实力，那技术就是硬功夫。软实力靠的是多看多做的经验及经历，必须有将经验转换为客观处理资讯的能力，才不致陷入个人主观里；而硬功夫是要能应付庞大的包装工业技术系统，如：印刷技术的多样性、包装材料新式样的研发、包装工业结构的物理性、上下游协力厂的整合、国际规格的要求、运输及卖场陈列的环境限制、预算成本的计划等，更要具有冷静及客观的态度才行。

　　由以上的论述来评断一个包装设计，我认为应该把重点放在"对、错"的客观上面，而不该把焦点放在"好、坏"的美丑主观范围内，这才称得上是"专业的包装设计工作者"。

● 1 ————————————————————————————————

　　"完形"：完形（Gestalt）源自德文，原意为形状、图形。一群研究知觉的德国心理学家发现，人类对事物知觉并非根据此事物各个分离的片断，而是以一个有意义的整体为单位。因此，把部分或其元素集合成一个具有意义的整体，即为完形。此外，就"形与景"的角度而言，能将目标物从周遭的背景环境中分辨出来，将注意力集中在目标物上，明白地辨别出它与背景环境的界限，亦是形成"完形"，即形成"背景"与"形"的意思。巴尔斯（Fritz Perls）曾阐释完形："完形乃是一种形态，是构成某事物个别部分的特定组织。完形心理学的基本前提是，人类本质乃一整体，并以整体（或完形）感知世界，而不同事物也唯有以其组成的整体（或完形）才能被人类了解。"

随商业的发展而更加需要

早期包装设计工作是归属在广告公司的设计部门内，大部分是服务客户需求附带的设计品，而随着时代的演进，商业环境趋向多元化且愈来愈复杂，单就广告的创作就有许多项目要处理，如要再储备及培训包装专业人才，对于广告公司在追求经济效益上较不利，也难满足客户对包装项目的要求。因此，包装设计慢慢从广告公司转移到独立专业的包装策略规划公司。

这样的模式在欧美各国早已行之多年，这里举个例子来说明独立设计的事实。一般商品正式开发前会先进行产品研发（Research and Design, R&D），从这个阶段开始就需要有一组商品设计人员介入，从属于内部机密形态的研发阶段开始投入规划与意见，直至产品逐步地完成。开发过程中面临的多半是需要被解决的"具象问题"，如：商品的材积、体积、包材的理化特性、生产的流程、储运的过程等，这些问题的背后都需要对应一个具体的解决方法，若没有设计人员丰富的经验及知识，适时提出准确的解决方法，有可能问题不但无法解决，反而衍生出更多麻烦。

并非广告人不善处理这类问题，而是术业有专攻，包装、广告各司专业之职。终究广告的创意是去制造亮点、创造话题，愈"抽象"的事广告人愈擅长，这就是广告人的训练养成吧！

从全面性的角度探讨包装的价值

广告行销中，人人都在谈 4P（Product 产品、Price 定价、Place 通路、Promotion 促销），在遵循多重标准的行销时代里，包装确实被赋予了更重要的使命。以传统包装概念来说，它是商品的最后一关，但随着现在新的行销手法不断地被研发，包装确实可以增入行销 4P 策略中的第 5 个 P（Packaging 包装），由世界各地多已将包装比赛独立为一个奖项，可见其重要性。从不同的角度看现代包装的使命，有些非营利组织团体为了筹募公益基金，在商品包装上大量地呈现活动办法，已经超越传统包装只是贩卖商品的范畴。除了公益性的包装（在国外曾看过在鲜奶的包装侧面印上"失踪儿童的协寻广告"，除帮助协寻外也提醒家长要注意自家孩童安全），还有常见的纪念性包装，这些形而上的概念，往往已超越视觉设计的领域（图 1、图 2）。

图 1 ———
2011 年中国台北世界设计大会
纪念水包装

图 2 ——
日本全国清凉饮料
协同联合会，为记
念该会成立 50 周
年而共同开发的
纪念包装。瓶身
是根据昭和 30 年
（1955）京都艺伎
的站姿而设计出来
的复刻版

　　在本书中，笔者将从事包装设计多年的实战工作经验，从理论到实际案例全面性地将过程加以介绍。如何将一个"产品"经过设计策略后变成"商品"、谈结构与包装材料的重要性、包装设计流程及制作技巧、解析实际上市的包装个案与未来环保包装趋势，并拟定个案练习，让读者亲自体验，并理解一个包装结构设计需注意的细节，最后详列一些设计常识与需知，期待读者们能在基础学习后更加深入研究这门学问。

于中国台北

2015/10/1

致谢 | THANKS

感谢上海视觉艺术学院顾传熙副院长在繁忙的工作之余为本书审稿，并提出了很多宝贵的建设性意见。

感谢北京全华科友文化发展有限公司在图书出版过程中给予的大力支持。

感谢文化发展出版社编辑同仁的辛勤工作和付出，以使本书顺利出版。

教师服务 | SERVICE

如果您是使用本书当作教材的老师，也欢迎您上我们的教师服务网，为您的教学提供更多的便利。

全华公众号

服务网址：http://www.bjchwa.com/teacher
服务邮箱：service@bjchwa.com
服务咨询热线：010-62195098　18510460907

PACKAGE
DESIGN

第

一讲 ×

关于包装设计这门课

THE COURSE ABOUT
PACKAGE DESIGN

品牌有形与无形的价值，
建立在消费者的主、客观认知中。
—

Brands have the tangible and intangible values that
based on the subjective and objective awareness which
related to consumers.

第一节 | 何谓"包装"

品牌有形与无形的价值，建立在消费者的主、客观认知中，这个认知与商品包装设计息息相关，在此将详述几个与包装设计有关的重要定义。

1. 包装的功能与行销的关联性

商业设计无论用何种形式或呈现方式，都不应建立在设计者个人英雄式的主观之下。设计的背后需要有明确解决问题的观点支撑，而不应只停留在"创作"。创作是天马行空的，但若没有适合的设计理念切入，如何在众多纷乱的灵感来源中，找到正确的元素加以运用？理性客观地观察市场需求，就像一把钥匙，用它来开启商业市场是最适合的。同样地，做包装设计也是依循着这样的逻辑，不宜主观行事，设计过程中要思考到让每个步骤的存在都是"必须的"，每个创意也都要"有意义"。

从现有消费市场来谈包装功能，可二分为"实用功能"及"传递信息功能"需求（表1-1）。在"实用功能"的部分它必须具备：产品"存储"及"可携带"的功能。存储的目的在于于一个特定空间内保存产品，如此商品的概念才能形成，这就是行销4P中的第一个P（Product，产品）。包装要能保护产品，使其不受气候、季节的影响，进而延长产品的保存寿命，这个步骤尤为重要，因为它主导产品的定量（内容物的容量），方能明确地反映出定价，这也就是行销4P中的第二个P（Price，售价）。解决保护商品的方法后，就可以安全且方便地传递或运送商品到各地的卖场及通路，这便是行销4P中的第三个P（Place，通路或渠道）。

● 传递信息功能

1 传达
企业文化

2 提供
消费资讯

3 提升
产品附加价值

4 品牌形象
再延伸

5 自我销售

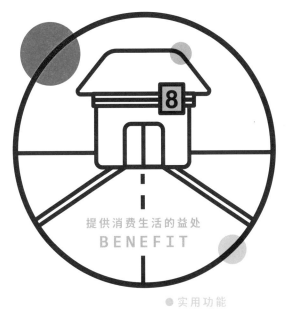

提供消费生活的益处
BENEFIT

● 实用功能

1 保护商品

2 方便运输

表 1–1 ———
现有消费市场包装的功能

　　包装的"传递信息功能"则扮演着商业展售的目的，包含了"告知"、"沟通"、"促销"。告知的目的在于传达企业文化及延伸品牌形象，意味着商品的品质及价值；而沟通则是在资讯的互动上扮演了重要角色，包括提供消费资讯、介绍产品及提升商品的附加价值。促销的目的是通过妥善的设计，让商品在货架上自我销售，所以包装又可称为"无声的销售员"，这就是行销 4P 中的第四个 P（Promotion，促销）（表 1-2）。

Product
产品
↓
1 存储、可携带

Price
售价
↓
2 保存产品寿命

Place
通路
↓
3 方便送达

Promotion
促销
↓
4 传达信息

● PACKAGE

表 1-2 ———
广告行销 4P 与包装的关系

2. 包装版式架构定义及范畴

包装设计创作过程，可从"主观"的喜爱与"客观"的认同两方面来谈；品牌概念及品牌形象是包装创作的审核依据，也是设计过程中检核方向是否正确的重点。因设计合作过程中会有许多人参与，层层关卡都会产生"主观"上的认知落差。而"版式架构（Template）"的建立，就能让参与人员以较"客观"的角度去评判设计的效果，让问题回归到概念认同或不认同上，而非"主观"的喜好或对错。关于版式架构可以分别从"色彩"及"格式"谈起。

A. 包装版式架构上的"色彩"论述

包装上的图文信息必定伴随色彩，即使是黑白，也是所谓的无彩色。普遍来说消费者无法完整记得包装上的图形细节，但上面的色彩却往往令人印象深刻。例如说到红茶，就让人联想到立顿（Lipton）这个品牌，及包装上鲜明的"黄色"印象。

色彩带给人的刺激是直接而迅速的，也正因此色彩具有极高的辨识性，能够在包装上起以下作用：

- 区分不同的商品。
- 贴近消费者的喜好。

色彩由色相、明度、彩度等三要素组合而成，能很快地被辨识。只要从无数的色彩当中，挑选一个与常见色彩差异较大、又符合商品概念的"异色"[2]，就可以拿来作为包装的颜色。

商品包装设计不能仅依靠色彩既定的象征意象来进行色彩运用，如：红灯停，绿灯行，黄灯注意等约定俗成的色彩认知。想要让某种"色彩"成为自己公司商品的独特意象，需要将大量的商品包装陈列到通路货架上，透过商品行销与广告宣传等手法，让消费者以耳濡目染的方式，不自觉地印象深刻。直到看见黄色就会想起立顿红茶，红色则联想到可口可乐，这时色彩意象才能从基本的"区别"功能，转变成"识别性"功能（图1-1）。

图 1-1 ———
品牌印象被接受后，延伸到任何包装形式，都能轻易地被消费者认出，上图为立顿红茶的经典包装，延伸到右图的包装上，个个都承袭经典包装的品牌印象

识别除了有基础的区隔功能，还具有更深层的象征性。例如，法国国旗（三色旗）利用纵向的蓝、白、红条纹来和其他国家国旗做区别，沿用至今，对法国国旗有认知的人看到设计中蓝白红同时出现时，便能意识到国家色彩。色彩除了供人区别、识别和象征外，还可直接作用在感觉上，引发好恶之情，这种情感如"一样米养百样人"般的复杂。除了个人的差异，色彩情感也会随地域、国度、文化的不同而有主观认知上的不同。

由于资讯全球化的脚步日趋频繁，人们对色彩的观念和感觉也开始有了改变，各种商品行销手法与广告活动，各式各样的视觉宣传使得人们对色彩的禁忌逐渐被解放。早期的色彩教育告诫大红配大绿，颜色特别不搭配；黑色是没有食欲感的色系，不宜使用于食品的配色等说法，也随着各类商品视觉大胆推出获得回响而被推翻。色彩的搭配标准已不适用于这个时代，随特定目的去研究消费者色彩心理与偏好，取代了传统依据习惯或约定俗成的配色标准（图1-2）。目前市面上包装的色彩版式架构可分成下列两种：

- 异化 —— 个体的区别化、识别化。
- 同化 —— 种类的区别化、识别化。

●2 ————————————————

"异色"：指的是各类商品有属于各自的"被认知色"，如鲜奶，认知色是白色，而柳橙是橘色，这些生活中的经验色，在包装设计中常被拿来作为设计用色，如大家都凭直觉来做设计，如能在同类竞争商品的包装色系中，采用一种独特可被记忆的特别颜色，这个"异色"在长期传播后，就成为这商品的品牌色。

图1-2———
消费者对果菜汁的包装印象，就是一堆蔬果、菠萝及芹菜，每家的包装都用这些元素（同化），而为求种类的区别化，波蜜更新版的果菜汁（下图），长期经营下来，自己树立了个体的区别化及识别化（异化）

　　采用哪一种版型架构，完全看市场战略而定。以新开发商品来看，多采同化的方式，来带出与同类商品相乘的效果，强化新概念的灌输。不过，也有些商品在概念确立后追求异化，借由与其他商品区隔来强化识别。待策略方向成功后，随每阶段行销目的的不同，选择同化或异化的色彩来推出商品。以果汁包装为例，分析其色彩运用，一般都以水果或果汁原色作为物品识别色，各家公司都依循同化的版式架构。这时使用同化，有助于使消费者不致误认商品种类。在色彩必然同化的商品上谋求异化时，就必须采取色彩以外的技巧（图1-3）。

图1-3———
果汁包装色系大部分已被同化，除了主色系的定调外，可用一些辅助色系来求取异化的独特风格

B. 包装模组上的"格式"论述

平面设计的版式架构（Template）定义为：在平面设计物上所规范出的制式样版，意指每个包装上的必备元素皆有明确的相对位置及比例尺寸，可供同品项系列发展设计时依循。运用在包装设计上，其实就是将平面设计（2D）的设计面转换成立体（3D）的构成。基础设计学发展已过百年，经过漫长的时空变迁，也历经工业、商业的变革，设计一词早已融入人们的生活，很多基础美学都是相通的。包装设计既然是延续平面设计而来，故在谈"格式"的概念时，本书会在平面设计学的基础上加以论述。诚如上述平面设计对"模组"、"形态"、"版式"的说明，用在包装设计策略上也是相通的。

从企业主角度看包装，各家企业都会希望自家商品能推陈出新、建立良好鲜明的形象，强化记忆点与促使人们选购。从消费者角度看包装，在选购商品的时候，会希望能快速地从货架上找到平常惯用的商品，除了节省购物时间外，也会有安心的感受。在商业包装设计策略上，若能善用"格式"的视觉管理手法，可以很清楚地为包装设计工作分类，尤其是在系列性的商品规划上。

不过包装设计与平面设计由于目的不同，在"材质及结构"的设计策略上会有更多的考量，这也是包装设计更多元灵活的差异点。

版式架构的建立能为品牌带来收益。当一个品牌长期在包装上投入专属的版式架构，这将会为该商品带来识别性，在消费者认识之后成为该品牌的资产。但对色彩而言就较难有如此的价值，因为现在可视的色彩，我们很难再去创新，大都是在应用或是重组，所以无法达到颜色的象征性对应到商品的独特性，所以国际上的众多品牌，无不大举创造能属于自己品牌特色的"包装版式架构"。宛如可口可乐的曲线瓶，一再应用在其视觉行销上，而有些非玻璃瓶的罐装商品，除了可口可乐的品牌标志外，也大量地使用"曲线瓶"的视觉造型，这都是为了延续其品牌资产与消费者的认同（图1-4）。另一案例为 Apple 的产品包装，它也企图创造出 Apple 的独特包装版式架构，采取的不是在"版式架构"上的造型感，而是以追求"极简"及"开启仪式"[3]上的创新，利用消费者打开新产品包装当下的感受，来延续其对 Apple 品牌的认同感（图1-5）。

●3 ——————————————————————————————————

"开启仪式"指的是开启产品包装时，当下所产生的心理价值。案例：有些商品是要愈贵愈有效，化妆品行业就流行这一招，对于美的追求当然是无价，基于心理层面的因素，十个人有十一种说法，而又不能用设计说明什么？

心理的事任谁都说不明白，但当看到心悦的事物，就认定是它，任谁也拦不住，而这心悦之物，是可以被创造出来的。就拿化妆品的包装模组及质感来说，如果将相同成分的脸部保养霜，放在不同的瓶子中，一份是放入精致有质感的瓶内，并印有国际知名品牌标志，另一份放在一般的玻璃瓶内，假若送你免费试用，等同于赚2000元，但你敢拿来往脸上涂吗？

就是靠包装及包材才能产生的价值，从心理层面来看包装及包材的价值就出现了，但背后还有更深的一层意义，就是"仪式"的过程产生了认同，进而增加了价值，有很多高价奢侈品其包装结构或模组，就是要让消费者在启用时，翻开层层包装，宛如在进行一场盛大的仪式，目的是将被动的消费者转变成积极的参与者。

图 1-4 ———
成功品牌的包装印象，可被延伸到任何包装形式上，都能被消费者接受

图 1-5 ———
消费者不太会在意 3C 产品的包装，但一个好的包装能给这个品牌加分，Apple 的包装让
消费者有很好的开启体验

案例（图1-6）前面的两瓶是脸部保养的"日霜及晚霜"，将瓶盖用镀银及镀金的方式来区分日、晚霜，为具有整体感，再设计一个黑色的底座，放置这两瓶保养霜，瓶上透明盖，目的是防尘及防止接触到空气，降低产品的质量，另附小杓棒是避免手指直接碰触到保养霜，这套从掀起透明盖子，打开瓶盖，拿起小杓棒，杓出保养霜，涂抹保养完，再倒着回去一次的过程，至少也要五分钟吧！这就是仪式与价值的关系。

图1-6——
包装结构版式架构设计，可增加使用过程的仪式价值

C. 包装识别定义及范畴

识别（Identity）在企业形象 CIS 之中，负责"身份、特性、个性"的范畴。当一个品牌拟定定位策略后，发展出的视觉识别规划，会为品牌建立形象资产，其后延伸到其他应用范围。

策划一款包装设计，原则上必须将上述品牌形象的"识别"概念考虑进去。包装识别的建立，必须通过具有一定数量的商品包装系列群体及长时间且持续的推广，才能建立"识别度"。然而一次性或是特殊专案行销性质的商品包装，在设计执行中却较少讨论到长期的视觉策略课题，大多是为了符合单一行销目的或传达商品特性、特殊需求去表现。

说到包装识别（Package Identity）的规划目的，就是要使商品和其他同质性的商品有所区别，赋予产品最佳的识别性。随着商业行销的发展与日趋激烈，同质性的商品愈来愈多，就造成了高度的竞争情况，企业主纷纷借助包装设计，通过视觉表现手法强化商品的识别性，系统化地建立品牌身份、特性及个性。

包装是与商品连结最强的设计范畴，也是品牌价值传递的最终载体，包装与消费者的关系，已是品牌管理中不可忽视的课题。包装识别中，除了品牌形象外，包装形式、包装材质、包装结构、包装色彩等，都是包装识别的要素与特有资产，所以国际性的品牌，才会不断地创造及追求"品牌包装识别"。

大型食品或化妆品厂商旗下若有多种产品类型，一般会根据产品的种类和品质进行等级分类，为每个大分类建立一个品牌（商标），品牌旗下的就是系列商品，例如资生堂旗下除了常见的专柜彩妆，也包括开架式的恋爱魔镜、专司防晒的安耐晒、护发品牌玛宣妮、男性洗护保养 UNO 等品系。这类品牌商品包装，其设计的重点会依循品牌价值识别，而非企业视觉识别（Visual Identity, VI）。

利用商品品牌作为识别的方式，称为企业行为识别（Brand Identity, BI）。强调 BI 的商品包装，VI 往往成为出厂的说明，巧妙地退居于后；相对地，如果商品品系之间的主从关系很明确，则一般主要商品多以 VI 强调，从属商品则以 BI 强调。以可口可乐（Coca Cola）为例，身为该企业主要的商品，便是以企业的文字商标做强调，至于旗下其他商品，如雪碧汽水（Sprite）或其他商品，企业的文字商标，也就是 VI，则仅出现在说明出处的地方。

第二节｜包装的主要目的及基本功能

包装设计的主要目的是在解决行销上的问题并提供帮助，所以设计上所采用的任何图文都需依此目标为主，而包装的基本功能是要能保护或延长商品寿命。

1. 包装的功能与行销的关联性

A. **介绍商品**：借由包装上图文在视觉要素上的编排，使消费者在选购商品时能快速地认识商品的内容、品牌及品名。

B. **标示性**：商品的保存期限、营养成分表、条码、承重限制、环保标志等必要法规信息，都须依照法规一一标示清楚。

C. **沟通**：有些企业为了提升企业形象，会在包装上附加一些关怀文字、协寻儿童或正面的宣导信息，借此与消费者产生良性互动。

D. **占有货架位置**：商品最终的战场在卖场，不论是商店内货架或自动贩卖机，如何与竞争品牌一较长短、如何创造更佳的视觉空间，都是包装设计的考量因素。

E. **活络、激起购买欲望**：包装设计与广告的搭配，能使消费者对商品产生记忆，进而从货架上五花八门的商品中轻易地脱颖而出。

F. **自我销售**：现在卖场中已不再有店员从旁促销或推荐的销售行为，而是借由包装与消费者做面对面的直接沟通，所以一个好的包装设计必须确实地提供商品信息给消费者，并且让消费者在距离60cm处（一般手长度）、3秒钟的快速浏览中，一眼就看出"我才是你需要的！"因此成功的包装设计可以让商品轻易地达到自我销售的目的。

G. **促销**：为了清楚告知商品促销的信息，有时必须配合促销内容而重新设计包装，如：增量、打折、降价、买一送一、送赠品等促销内容。

包装的目的

A 介绍商品

C 沟通

B 具标示性

1 条码
2 营养成分
3 保存期限
4 环保标志
5 承重限制

D 占有货架位置

E 活络、激起购买欲望

G 促销

SALE

F 自我销售

60cm

2.包装的基本功能

A. **集中、存储、携带**：通过"包"与"装"的动作，能将产品集中或置入同一包材空间内，以方便商品的存储、计算内容量、计划定价及购买或运输时能方便被携带。

B. **便于传递及运送**：产品从产地到消费者手中，须经过包装工厂的处理，才能将商品组装及运输至各地卖场上架贩售。

C. **信息告知**：借由包装的材质及形式之分类，让消费者知道内容物的商品属性，传达消费资讯，如同为 PP 的塑胶瓶，可装入的产品太多了，从喝的鲜奶到洗衣精都是用这种包材，如在包装设计上没有将内容"信息告知"明确地标示，有可能会造成消费者在使用上的危险及伤害。

D. **保存产品、延长寿命**：视商品属性及需求，有时为了延长商品寿命，包装的功能性，往往胜过视觉表现，甚至必须付出更多的包材成本。像罐头、新鲜屋等包材的开发，让消费者使用商品的时机不受时间、空间的影响，大大提升了产品的保存期限。

E. **承受压力**：因为堆叠或运输的关系，包材的选用亦是关键；如真空包装香肠、薯片等膨化食品即采用充氮包装，让包装内的空气形成足够的缓冲空间，使产品不致压碎或变形。

F. **抵抗光线、氧化、紫外线**：在许多国家已有法规规定，有些商品须采用隔绝光、紫外线、抗氧化的包材，以防商品变质。

A 集中、存储、携带

B 便于传送及运送

D 信息告知

C 保存产品、延长寿命

E 承受压力

F 抵抗光线、氧化、紫外线

　　中国台湾地区商家对于所贩售的商品大都只停留在"零售"的阶段，在马路边常看见商家把一些杂货堆到人行道上展售，如右页的安全帽，零售业者将产品装入透明塑胶袋直接贩售。对于安全帽这类产品讲求的是安全，这样的陈列方式，消费者看不到品牌的标志与信息，是否能让消费者感到安全呢？右页上图是经过包装设计规划过的安全帽，外盒上除了有清楚的品牌标志及商品信息，在包装箱的侧边设计了两个开口，方便消费者提着走，完成了包装的目的及基本功能。说明了"产品"与"商品"间的差异（图1-7）。

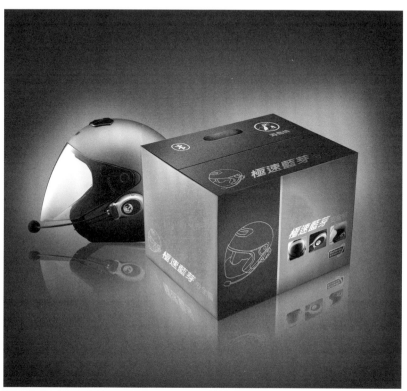

图 1-7 ———
安全帽"产品"（下图）与"商品"（上图）的差异

第三节 | 包装设计赋予商品的附加价值

包装除具备前述的基本功能，在现有竞争激烈的消费市场里，包装设计肩负的责任更广泛，从下列各点可看出包装设计所赋予的附加价值。

1.传达商品文化

此项与广告有关。消费者从广告形象中，大致对此企业的文化有一定的印象与认识，因此产品包装须与企业形象大致相符。例如：雨伞上标有感冒糖浆与广告诉求相互呼应。

2.提升商品附加价值包装再利用

商品使用完之后，包装可再次利用，除增加商品附加价值，也减低包装垃圾量，企业与消费者是时候改善彼此的关系，从此开始建立正确的消费观，如此一来都可为环保尽一分心力（图1-8）。

3.品牌形象再延伸

品牌形象的延伸，有许多操作模式，利用包装设计是一种方式，借由广告诉求也是一种手法。例如立顿以黄色为品牌形象延伸的基础。借由何种媒介或手法，取决于企业主与设计者之间的沟通（图1-9）。

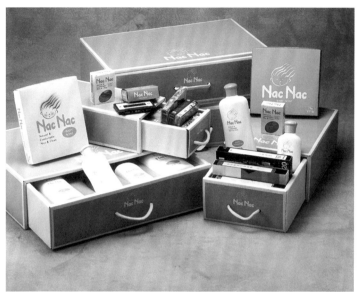

图 1-8 ———

Nac Nac 礼盒就是规划取出商品后，空箱子可以收纳宝宝的衣物或家中的杂物，所以将
大小盒的尺寸上统一制订等长，而宽度也有固定的组合比例，方便堆叠

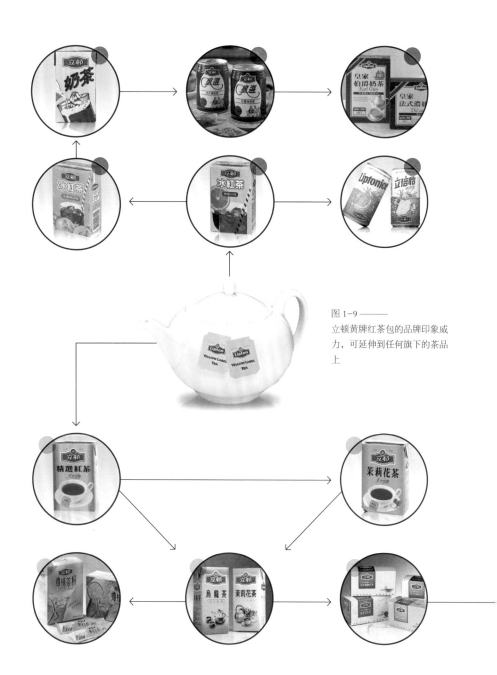

图 1-9 ————
立顿黄牌红茶包的品牌印象威力，可延伸到任何旗下的茶品上

第四节 | 执行包装设计前的基本认知

在进行包装设计之前，须和企业主做充分的沟通，既可避免错误的尝试，也可节省彼此试探的时间及成本。

1. 确认产品推出的目的

新包装的推出不一定是新产品的上市。产品的行销规划影响包装的设计方向，因此，确认产品推出的目的是进行包装设计工作前最基本的认知。

A. **新品牌新产品**：市场上全新产品的推出必定有一新品牌。

B. **新品牌一般产品**：一般性的产品，在市面上竞争品牌众多，为了建立不同的品牌形象，需建立一新品牌以为区隔。例如：市售的婴儿专用清洁品很多，而丽婴房从一个婴童服饰品牌要介入清洁品类，就必须创造一个新品牌，所以有 Nac Nac 婴儿清洁用品系列诞生（图 1-10）。

C. **新产品上市 + 促销**：配合新产品上市所推出的促销包，以吸引各个通路或消费者注意。

D. **原有品牌新产品**：当现有品牌朝新产品发展时，亦需将原有品牌印象融入新产品的包装。例如：沐浴乳对市场来说并非新产品，但对弯弯品牌原有系列产品来说则是一新产品（图 1-11）；三合一奶茶粉非市场新产品，对"立顿"产品线而言是新产品（图 1-12）。

E. **现有产品新口味、新品项**：将现有产品延伸，如新口味的推出或是成分比例的调配。例如：波蜜果菜汁在原有口味之外又推出低卡系列（图 1-13）。

F. **现有产品改包装（旧品新装）**：为符合不同通路或民情的需求，同样的内容物会因通路的不同而采用不同的包装设计。一般而言，此类商品多属低关注度、须借由外包装的巧思以刺激消费者购买欲望。例如：休闲食品类的商品包装，常因时尚流行而推出新包装（图1-14, 图1-15）。

G. **现有产品加量**：往往在竞争环境下，业者不愿降价促销，转而增加内容量的一种手法。例如：立顿冰红茶不打降价而改以加量的策略（图1-16）。

H. **新产品上市 + 促销** SP：配合新产品上市所推出的促销包，以吸引各个通路或消费者注意。

I. **现有产品 + 促销** SP：为了在特殊的通路不定时地举办促销，有时会因时间的限制，往往只能以现有产品加上赠品作为促销手法。

J. **现有产品组合装**：企业主将旗下产品重新组合或是消费者依个人喜好自行组合产品口味。例如：立顿水果茶系列推出节庆组合包（图1-17）。

K. **现有产品礼品装（针对特定节日）**：因应特定节日所推出的礼盒装。例如：礼坊每年推出的生肖礼盒（图1-18）。

L. **贩促组合**：企业主为了告知新产品的上市，会汇集各通路经销商举办上市说明会，会中除说明产品特性及销售利基之外，也将贩促组合产品赠送予各经销商；此种方式已渐成为一种新的行销手法（图1-19）。

● 新品牌　　　　　● 新产品　　　　　● 现有产品

A 新品牌新产品

B 新品牌一般产品

C 新产品上市 + 促销

D 原有品牌新产品

E 现有产品新口味、新品项

图 1-10 ——
丽婴房自创品牌 Nac Nac
婴儿清洁用品系列

图 1-11 ——
弯弯沐浴乳

图 1-12 ——
立顿三合一奶茶粉

图 1-13 ——
波蜜果菜汁由低糖到低
卡的演变

其 他

F 现有产品改包装

图 1-14 ————
孔雀香酥脆四格漫画系列

图 1-15 ————
雀巢柠檬茶冰激系列

G 现有产品加量

图 1-16 ————
立顿今冰红茶不降价以加量
策略来因应市场

H 新产品上市 + 促销 SP

I 现有产品 + 促销 SP

J 现有产品组合装

图 1-17 ————
立顿水果茶圣诞节的促销
组合包,可让消费者一次
接触多种口味

现有产品礼品装

图 1-18 ————
礼坊每年推出的生肖礼盒

贩促组合

图 1-19 ————
力士新商品说明会的赠礼,
将新产品特性及促销方案结
合的 Sales Kit

2.从策略面了解商品诉求

在进行包装设计之前，须和企业主做充分的沟通，既可避免错误的尝试，也可节省彼此试探的时间及成本。从策略面切入点来看，设计师应先抓住企业主想表现的重点，设计方向才能准确无误。

A. **塑造品牌形象**：包装设计以表现品牌形象及目的为主要诉求。

B. **新产品告知**：立顿茗闲情立体茶包新上市时，"立体茶包"的信息告知即为设计的重点（图1-20）。

C. **新品项告知**：系指现有商品拓展产品品项，如新口味上市，或女性卫生用品新推出"夜安型"、"加长型"等（图1-21）。

D. **强化产品功能**：透过包装设计诉说产品的独特卖点（Unique Selling Proposition, USP）。如立顿茗闲情立体茶包，立体茶包的空间可让原片茶叶充分舒展，味道更醇厚。

E. **强化使用情境**：多使用于感性诉求的产品包装。如罐装咖啡的口味其实大同小异，需借包装以塑造出"蓝山咖啡"或"曼特宁咖啡"的独特情境。

F. **扩大消费群**：当市场的大饼已趋于饱和或稳定时，有企图心的企业主往往会另创一个市场。如传统的洗发精市场，愈趋于饱和，就有厂商推出含各式各样配方的产品来开拓新市场。

G. **打击竞争品牌**：最明显的例子是增量包，"超值享受不加价"对消费者来说实在迷人，对竞争者而言更颇具杀伤力。

H. **低价策略（打高卖低）**：多用于赠品On pack或促销商品，例如消费者可用加价购买的方式，以较低价格获得精美赠品。

I. **引发兴趣及注意**：利用人物或话题来结合包装设计，为产品的上市述说故事。如中国台湾地区味丹企业曾推出SIX水果离子饮料，采用名人杨惠珊设计的瓶型，在上市初期的确造成一股风靡，但企业主若未细心经营，消费者可能因为好奇心消退而减弱其忠诚度（图 1-22）。

J. **与广告故事结合**：借由广告故事的搭配，使消费者对商品有更深刻的印象。

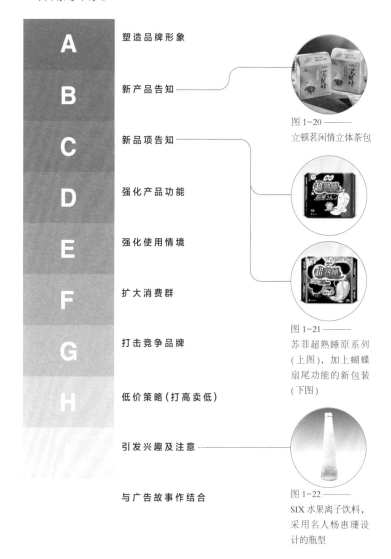

A 塑造品牌形象

B 新产品告知

图 1-20 ——
立顿茗闲情立体茶包

C 新品项告知

D 强化产品功能

E 强化使用情境

图 1-21 ——
苏菲超熟睡原系列
（上图），加上蝴蝶
扇尾功能的新包装
（下图）

F 扩大消费群

G 打击竞争品牌

H 低价策略（打高卖低）

引发兴趣及注意

与广告故事作结合

图 1-22 ——
SIX 水果离子饮料，
采用名人杨惠珊设
计的瓶型

第五节 | 如何审视包装设计的好坏

一件包装作品的好坏，不单只是美感的掌握，应从下列五个层面一一检视：视觉表现、包材应用、生产制作、成本控制、通路管理。

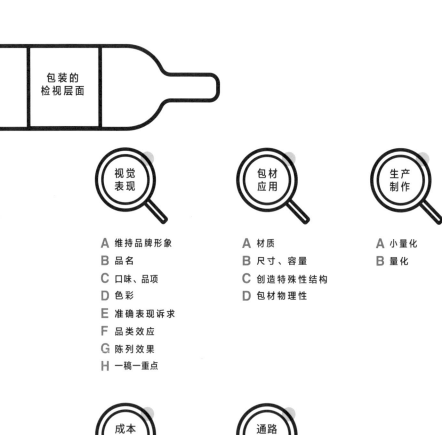

包装的检视层面

视觉表现
A 维持品牌形象
B 品名
C 口味、品项
D 色彩
E 准确表现诉求
F 品类效应
G 陈列效果
H 一稿一重点

包材应用
A 材质
B 尺寸、容量
C 创造特殊性结构
D 包材物理性

生产制作
A 小量化
B 量化

成本控制
A 包材成本
B 生产成本
C 通路成本
D 上架成本

通路管理
A CVS便利商店
B 超市、量贩店、大卖场
C 专卖店、百货公司
D 垂购（网络）、直销

1.视觉表现

　　正式进入视觉规划时，包装上的元素有品牌、品名、品项别、容量标示等，有些项目有逻辑可循，并不能以设计师天马行空的创意来表现，企业主若没有事先厘清，设计师也应根据逻辑推演方式来进行。

A. **维持品牌形象**：某些设计元素是品牌既有的资产，设计师不能随意变动或舍弃。如立顿黄牌红茶包装上的黄色色块，延伸到利乐包以及冰红茶包装上，也都保留了黄色色块的印象，甚至立顿茗闲情包装也承袭了一致的品牌形象。

B. **品名**：品名的突显可让消费者一目了然。

C. **口味、品项**：与色彩管理概念相通，利用既定的印象为规划原则。如：紫色代表蓝莓口味、红色代表草莓口味，设计者绝不会违反这种既定的规则来混淆消费者的认知。

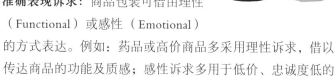

D. **色彩**：与商品属性有关。例如：如果汁包装多采用强烈、明亮的色彩；婴儿用品多采用粉色系等色彩计划。

E. **准确表现诉求**：商品包装可借由理性（Functional）或感性（Emotional）的方式表达。例如：药品或高价商品多采用理性诉求，借以传达商品的功能及质感；感性诉求多用于低价、忠诚度低的商品，如饮料或零食等商品。

F. **品类效应**：往往消费者在选购商品时，在心里会有一个品类
　　印象，例如：男性洗护类商品，都会比较偏向金属色或是暗
　　色系，而女性洗护类商品，则较偏向亮色或是简雅的构图，
　　这类感觉是长期以来厂商与消费者互动后所积累出的经验。

G. **陈列效果**：卖场是各家品牌一较长短的战场，如何在货架上
　　脱颖而出，也是设计的一大考量。

H. **一稿一重点**：如果包装上每一设计元素都要大又清楚，在视
　　觉呈现上反而会显得凌乱、缺乏层次且没有重点。因此，设
　　计师在进行创作时，必须清楚地抓住一个视觉焦点，才能真
　　正表现出商品的诉求"重点"。

2.包装材料应用

　　设计师在创意发想时可以天马行空，但在正式提出作品之前，需一一过滤执行的可能性。不同属性的商品，对包材的要求也不尽相同。因此，包材的选用亦属于设计考虑的范畴。

A. **材质**：为求产品的品质稳定，材质的选用也是关键，例如：花果茶或茶叶类产品采用 KOP 保鲜包材。此外，在运输过程中为了确保产品的完好性，包材的选用更应考虑。例如：膨化零食类的包装，其缓冲与保护商品需求绝对是包装设计功能的第一要件（图1-23）。

B. **尺寸、容量**：指包材的尺寸限制及承重限制。

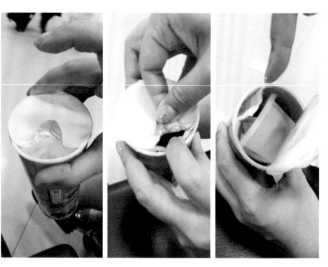

图1-23 ———
易碎商品通常都需要外加一些缓冲包材，在包罐破损下，尚可保护到商品

C. **创造特殊性结构**：为求包材工业更趋精致化，国外有许多企业努力钻研开发新包材或新结构。如：利乐包研发出"利乐钻"结构包装，消费者对其印象深刻，市场上也引起一阵话题（图1-24）。

图1-24———
利乐钻包装对饮料市场是一个方便的包材

D. **包材理论特性**：利用包材的化学理论特性，以解决商品保存的问题，同时也应注意包材热胀冷缩的原理。如：香肠采用充氮包装以保鲜（图1-25）；冰淇淋以淋膜的纸盒外加收缩膜，取代了传统不环保的保丽龙盒。

图1-25———
采用充氮气来延长产品的期限

3. 生产制作

生产制作可依数量多少来决定包装方式。

A. **小量化**：若产品属高价、精品类商品，且生产的数量不多，包材生产的成本比例可略微提高。因此，若设计出结构复杂的包装能提升产品价值感，也可建议客户采用。

B. **量化**：一般消费性商品需求量大，为求生产快速，包材成本或结构复杂程度也应降低。

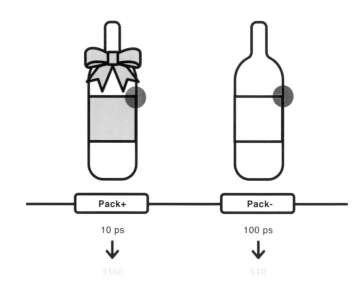

4.成本控制

　　企业主总希望以最低廉的成本，生产最高级的产品。因此，设计师在进行个案规划时，若能替企业主控制生产成本，无疑将为自己设计的包装作品加分。

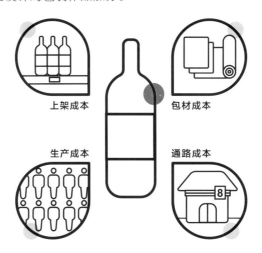

A. **包材成本**：商品精致感的呈现，不一定要依赖高级、高成本的包材来包装。设计师可以利用视觉及结构的巧妙结合，选用其他替代性的包材，同样可以为产品经营出高级质感。

B. **生产成本**：设计师在进行个案规划时，也必须顾及生产成本，如：印刷套色数、手工制作、配件及生产线上的操作等人工成本（图1-26）。

C. **通路成本**：在装箱运输过程中，商品、包装及配件若能化整为零避免零散，也可降低通路成本。

D. **上架成本**：每件商品的上架费并不低，包装设计若能考虑排面大小、高低，在有限的空间内发挥最大的效益，此包装设计才算成功（图1-27）。

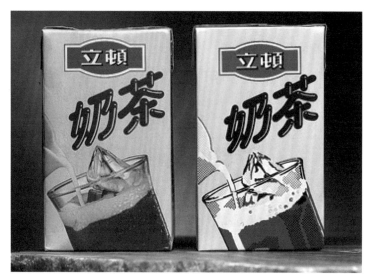

图 1-26 ———

一个稳定的商品，在不影响商品的品质下，可通过包材的改进省下一些成本，立顿奶茶原彩色版包装（左图），改为套色版可省下大量的包材成本，并不会有损形象（右图）

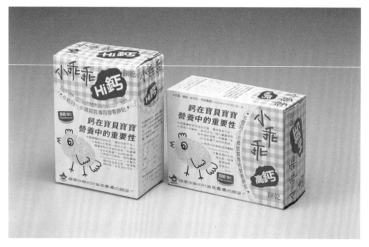

图 1-27 ———

有限的货架空间，大多的包装设计都会采用一面直排、一面横排的构图方式来因应

5. 通路管理

　　企业为了因应不同通路的需求，须生产各式包装以适合各个通路。例如：立顿茗闲情为了进入 7-ELEVEN 通路，特别设计生产 20 入包装（图 1-28），而且此一包装只有在 7-ELEVEN 才能买到。以下将分别描述常见的各种通路：

A. **CVS 便利商店**：商品多样，单品排面小，上架费高。

B. **超市、量贩店、大卖场**：货架上品牌众多，如何在近距离立即抓住消费者的目光，实为第一要素。

C. **专卖店、百货公司**：此类通路同属性的商品汇集在一区，因此产品品项务必清楚，才能与同属性商品有所区隔。

D. **邮购（网路）、直销**：因应成本考量，此通路的商品在包装设计上大抵以功能需求大于视觉需求。

图 1-28———
立顿茗闲情 20 入包装

第六节 | 包装的视觉美学

一件包装的成败，视觉的美观度占有很重要的地位。除了维持品牌形象、品名的清晰度外，这些基本的限制，往往就是在考验一位设计师的美学力。

戏法人人会变，各有巧妙不同，一些品牌形象的限制，到了有经验的设计师手上，这些限制就会变成是视觉资产，而包装上的视觉设计除了我们已知的色彩、字体、信息整合、影像处理等，皆属型于外的主观元素，还有一些偏向策略思考的客观元素，就这部分大致上将分别以"形、色、质"三个面向来论述。

1. 形——造型、结构、尺寸

在"形"的面向上通常比较偏向以理性功能（Function）来论述，泛指包装的"造形、结构、尺寸"，这些都是属于客观的元素，如你采用了圆形的设计，别人看到的也是圆形，这些客观的认知正好可以用于包装设计上，因为设计或企业不用花时间，再去教育消费者对于形的认知。

在日常生活中，不自觉地已经帮我们累积了很多丰富的体验，而设计者只要好好顺着这个体验的潜规则，用普遍性的客观条件去发展包装设计基础元素，就能与消费者达成一个共识。

关于"形"的认知，从以往的商品发展过程中，可以窥知一二，在这些历史资料中我们可以看到，某些商品的品类调性，为何会发展到今天这样的包装形式，是随着工业技术及生活水准不断提升而来，也就是供需双方互动而成。

　　设计师算是社会的科学家，不断地在创造生活所需，不断地在提供社会上更"美、好"的生活品质，因此消费者对商品包装的认知，早已被厂商教育而接受，而厂商为了得到消费者的青睐，也全力提供好的商品，期望能被消费者接受，这也是笔者常主张的，一位设计师要过一般人的生活，要走入人群中去做设计，而不是一直拥抱设计人"独傲"的性格，因为大众化商业设计品，不同于个人艺术创作品，商业包装设计更是讲求与目标消费者共生的工作。

● 1873　　　　● 1908

图 1-29 ——

龟甲万酱油在 1873 年推出的瓷瓶包装，原本是地方性酿造业商品，扩大成为全国性的商品，因为采用此包材，将取代原本酿木桶携带不方便性的问题，而在包材工艺上还可以利用模具将品牌图腾置于瓶上，增加品牌知名度

图 1-30 ——

味之素早期是以味精商品起家，这是 1908 年的商品包装，当时已有玻璃材料，也有套色的印刷术，这些最时尚的材料往往被拿来作为包装材料，而这里要谈的是，瓶口的密封材料采用锡箔纸，可以延长商品的保存期限，而消费者也能很方便地使用，以当时的封口技术而言算是先进的

● 2014　　　　　　　● 1984

图 1-39 ——

现在的包材技术很发达，仿古的设计多能做得很到位（图片提供：东方包装（股）有限公司设计、2014 制造）

图 1-38 ——

"黑漆描金云龙玉玩匣"（1736-1795），当时就能创造出盒内多匣式的工艺，给现在包装结构以很大的启发

图 1-37 ——

笔者于 1984 年设计的酱油包装，在包材上已采用更轻更安全的 PET，而在瓶形设计上也较附合使用者人体工学，将瓶子重心移到下半部，让使用者更好控制酱油流量

1940

图 1-31 ———
1940 年间中国台湾地区贩售酱油的商社，在架上陈列的商品包装，所采用的玻璃瓶已有染色的技术，也有印刷标贴及薄纸包覆整支瓶子，用来区分高低价商品

图 1-32 ———
早期的酱油贩售包装，这些木桶使用完后需返还，再经由工厂清洗后充填酱油

图 1-33 ———
早期的酱油包装在量上都很大，现在的商品也随着小家庭化，生活精致化，而慢慢地改变商品的容量，所以设计师需思考的是整体生活形态的演变

1982   1961   1946

图 1-36 ———
笔者于 1982 年设计的拌手包装组，消费者一看到提把，就会将其当作手提礼盒，在低成本的时代里，这种手提式的包装结构会是一种好选择

图 1-35 ———
于 1961 年日本 GK Group 设计公司荣久庵先生，为龟甲万酱油所设计的桌上瓶，它不只是一个包装的设计，而是一个产品功能的改变，将原本在厨房内的烹调品，移到餐桌上成为蘸食调味品，扩大了消费群，而不只是产品功能的改变，包装的使用机能也是一个创举

图 1-34 ———
随着工业的发展，包装材料也愈来愈多元，设计师的取材也愈来愈成熟，1946 年这瓶味之素味精，已经是很完整的包装了，以包装的基本功能而言：集中（玻璃容器）、存储（塑胶瓶盖及外面的透明玻璃纸）、携带、信息告知（玻璃瓶上的味之素品牌印刷），以上都具备了包装的条件

2. 色——策略、感性、故事

在"色"的论述上通常比较偏向从感性诉求（Emotion）的大方向来谈包的策略面，色彩的辨识度是最直接也是最主观的一个元素，色彩可以传达情感，也能表现食欲，而在消费者的记忆中，可建立固不可破的印象。在饮料品类中看到红色，百分之七八十我们会联想到可口可乐，如再加上一条白色的曲线，那百分之百指的就是可口可乐，所以在品牌形象的规划中，品牌色的建立是一个重要的品牌资产。

色彩也能代表一个民族、国家或是区域，而色彩更是一个节庆的代表，在大量的推广及被教育下，我们看到红配绿的时候，绝大部分会联想到圣诞节。而在各地民俗节庆里，都会有着长期以来惯用的色彩，这些属于文化面的色彩，任谁也无法改变，只能从中找到色彩组合新元素。

如此尚可帮助一个包装在某方面无法用文字说明时，可用色彩发挥它的辅助功能，再把色彩能给予我们的各种情感、情绪及情欲，应用延伸到一个包装设计上，除了个人主观的色感，还可以用它来沟通一些品牌故事，例如：有些主张环保的企业，就爱用属于自然界的绿来说故事，当然一个动人的故事一定需要有图有文才能生动，由此再度说明了色彩的重要性，在包装设计策略上，是属于感性面的，不单只是我目视所及的红色或绿色的色相层次。

图 1-40 ———
节庆的色彩印象，任何商品都想搭一下便车—百用不厌，消费者也百般接受

图 1-41 ———
立顿黄牌红茶的印象，是它的品牌资产，但用于华人的送礼市场上又少了些民俗味，换成大红的礼盒又不能少了立顿品牌，是设计的重点

图 1-42 ———
即使看不懂韩文，但这个包装一看我们就知道是香蕉果汁，色彩在此扮演了说明或是指示的功能

图 1-43 ———
三多利乌龙茶于 1981 年由牛岛志津子设计，采用乌龙茶汤的颜色，印制在铝罐上呈现出包装印象，在包装上没有采用茶的元素，只以色彩来传达

图 1-44 ———
善用色彩的群化效果，在陈列上整体有统调，近看各个口味也容易辨别

图 1-45 ———
家用民生必需品，只有品牌的包装设计长期以来对于消费者来说已麻木无趣，色彩元素也是一种表现手法

3. 质——包材、素材、质感

　　一个包装的设计条件，除了上述"形式与色彩"有策略性的经营外，再可以发挥的就是"质"这个元素，在质的方面，我们谈的都是比较客观的"材质"面向，如果说"形式与色彩"是一个包装设计的大原则，而"质"就是一个包装的细节，有时一个创意极佳的包装设计，选错了材质，对整体而言会是一个遗憾。

　　在包材方面是最容易解决的元素，它依附在包装及材料工业上，设计师个人是无法去撼动这个系统的。虽如此，但只要成为一个系统，我们就有机会去学习了解，慢慢地就会应用它。

　　目前市售的包装材料的质感，大致分为两大类：一类是采用原材料的质感或是原肌理来作为设计元素的一部分，另一类是包材成型后，再透过后制的印刷加工或是加上一些材料复合而成，不论是原材料或是后加工的质感，都要依设计所需而应用，除非是原创的材料，不然"质"的表现往往都是附属的选项。

　　相对"质"的处理，比起前面的"形式与色彩"容易得多，因为再怎么设计应用它，展现出来的都会有一定的"质感"效力，消费者对于质感会有一定的客观认知，与设计要表达的相去不远，虽然厂商提供的包材大同小异，但通过质材的统调或是质感的差异，相互的应用便能创造出千变万化的独特性。

包材

1 原材料质感做设计

2 印刷加工复合材料

● 铝制瓶

● 打凸

● 保特瓶

● 收缩膜

● 玻璃瓶

● 印刷

第七节 | 消费市场的包装策略

在自由化的社会经济活动中，任何的商业价值通常是摆在"消费市场"上来判断及评估它，然而经济价值力总是在上市后才能见其成果。

因此，不论之前投入多大的努力，成功了就属于高商业价值产品，失败了就请重新再来吧！所以我们才会常见同一类商品，A 品牌一推出就是一路狂飙，长红又创高峰；而 B 品牌刚上市不久就再也无法在货架上找到，匆匆上架便一鞠躬下台，换上新装重新再来。这种类似的游戏一直在整个消费市场不断地上演着。事实上，并非 B 品牌在上市前的准备工作没做好，而是现今整个消费市场已不能再延续从前的生产导向，整个世界的经济结构在变、社会在变、消费行为在变，就连消费者也在变。就在这种不按牌理出牌的商业战场里，你是否还在信守以往的作业模式呢？

1. 包装设计与包装策略

从前的包装设计偏重在"包"与"装"的实质功能上，如食品业，其包装重点在于如何能把产品"包"好，能在漫长的仓储及物流过程中发挥其最大的设计空间。而一般工商业的包装也普遍着重在如何把产品包装成组，以便在末端通路上方便销售。这时期的消费市场竞争较小，只要能用一点心思把包装"设计"好，就不会有太大的问题。而现在的消费市场千变万化，生活水准的提升，消费者自我意识的提高，又需面对众多国内外的同类竞争厂商，因此，想获得消费者的青睐，并非是一件容易的事。

以上所述是有形能见的市场变化，而最难的是，现今消费者所接受的资讯并不会比厂商少，而且个个都是聪明人，这些聪明的个体都有其个别独特的喜好，因此，在规划一项商品时，其事前的资料收集、竞争者评估、市场分析、产品研发及再研究等，设计师是否都有把握掌控这一切？常听"成功并非偶然"，确实，一件成功的包装作品，其产生并非单靠"设计"就能达成的，而是需加上"策略"的运用，来满足那些聪明的"人"。

2. 商业性包装策略的重要

1 工业包装
- A 结构的方便性
- B 仓储的方便性
- C 物流的方便性
- D 使用的方便性

2 商业包装
- A 品牌形象策略
- B 包材开发策略
- C 视觉规划策略
- D 通路陈列策略
- E 产生成本策略
- F 包装附加卖值策略
- G 包装故事化的策略
- H 促销策略

目前的包装可分为工业性包装及商业性包装两大类，然后再视其种类、特性、功能及诉求重点细分。工业性包装大致着重结构、仓储、物流及使用上的方便性等，因为它较不需要直接面对零售市场，所以在视觉的设计上较不被重视，而着重于功能及保固性；商业性包装因需直接面对消费大众，因此需要直接承受来自"人"的压力。

但在和消费者沟通，在商业包装设计的过程中有一些决定性的工作，是要与客户的"负责人"沟通的，如此方能顺利进行整件包装的策略规划，如果连这一关都沟通不良，包装设计势必难以完成。现在从几个方向来谈目前的商业包装设计策略。

A. 品牌形象策略（Brand Identity）

目前企业间愈来愈重视整合企业识别系统（CIS）的活动，这个活动所费不赀，但实际上有些产业并不急需从企业形象的规划上来改造公司的现状，因此，尚须视公司本身经营的目标而定。例如在产销业上，先着手规划几个品牌或是引进国外的品牌，总比进行企业形象的改善要更能快速获得销售上的直接帮助。如台湾的食品业龙头"统一企业"，在旗下有几千种商品，其中自创的品牌也不下百种，然而统一企业虽进行集团识别系统的整合规划，但对旗下的品牌影响并不大。又如中国台湾地区的制造服务业"震旦行"，进行企业识别系统改造至少有二十年了，虽然一方面整合了震旦体系，但旗下的依特利速食业却未能分享到企业识别系统的好处。

所以品牌成功的力量是由外（市场）导向内（企业），而企业识别系统的规划则是由内（企业）导向外（市场）。但是，品牌跟企业的开发价值很难评定孰高孰低，若能在现今的消费市场里给予消费者一个清晰的品牌印象（Brand Image），那就比成功的企业识别系统更有助于销售，这也是商业包装设计中的一个成功策略。

1 品牌形象的规划是由外而内

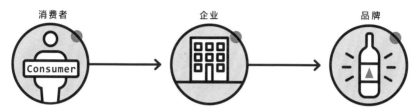

消费者 → 企业 → 品牌

2 企业识别的规划是由内而外

企业 → 品牌／商品 → 消费者

▽ 内部形象塑造
△ 对外展现专业
物质

BI
品牌形象

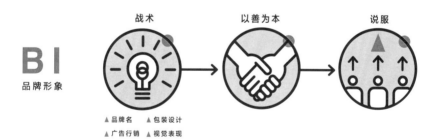

战术 → 以善为本 → 说服

▲ 品牌名　▲ 包装设计
▲ 广告行销　▲ 视觉表现

CI
企业识别

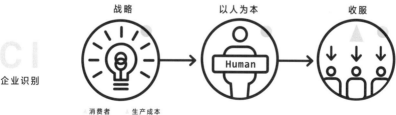

战略 → 以人为本 → 收服

△ 消费者　△ 生产成本
△ 通路　△ 企业形象

B. 包材开发策略

现今同类商品间的差异很小，这得归功于科技的进步，使一般大众能享受到同样高水准的商品。食品、饮料业在有了食品工业的基础研究下，各厂商都经营良善，在商品的研发技术上也不分上下。因此，包装这个重要的环节就是成败关键。好的包装设计不能缺少的是包材的选择及新包材技术的开发。要研发一个新包材，所需花费的心力极大，企业内部需从整个生产流程开始变化，而下游的包材生产协力厂商也需全力配合方能有所突破，此时若能让包装设计师参与研发工作，在整体包装规划策略中便能有较完整的过程。而一位专业的包装设计者必须知道各式各样的包材特点及生产过程、印刷制作、加工条件等，并善加运用于产品上，结合已知的经验，将设计完美地与包材结合，才能形成一个好的包装策略。

C. 视觉规划策略

近年的设计工作不再只是视觉方面"形"与"色"的构成，讲求的是"视觉传达"：一项商品的利益点（Benefit）在哪里？它的购买者在哪里？它的使用者是谁？必须要先知道对谁（消费者）说什么（商品好处），才来考虑怎么说（视觉传达），如此才能言之有物。而视觉规划的策略又有其延续性的优点，当后续有新产品或是新口味时，便可使用当初的视觉规划策略于品牌的横向发展上，如此在不断增加新品时较易规划。视觉策略是无法与品牌策略分道而行，两者实为一体；相辅相成的品牌形象（抽象的概念）是需由视觉策略（具象的形与色）来传达，而视觉策略的成功与否更需品牌形象的存在来支持。

D. 通路陈列策略

品牌或商品开发实在不容易，费尽千辛万苦，解决了种种难题后，终于完成了一个品牌或商品，而最后一关就是要体体面面地与消费大众见面。在一切讲求商业利益的市场里，不见得辛苦开发的包装就能如愿上架，现在的货架空间是以固定单位来计算上架费用，如果产品包装怪异、尺寸特殊，通路不允许产品上架，就是不能上架，一旦不能上架，就不能跟消费大众见面，更别谈商品销售。

专业包装设计师必须知道包装陈列的重要性，现在的销售渠道众多，有便利商店、超市、大卖场、专卖店及百货公司、电商等，各有各的陈列条件及限制，一件包装设计必须适合于多种卖场的陈列环境。所以，至今在整个包装规划中，最难掌握的就是上架陈列的状况，每家店都有不同的货架，陈列时两旁有同类竞争品，而且还要考虑在陈列时最无法控制的问题：人力排货陈列，因为无法将其系统规格化。

包装进到通路陈列虽有不可测的变数，然而最有效的解决方法就是多看、多收集，预设各种可能性的发生，并可预先将包装设计模型直接拿到各卖场去实地模拟，而众多经验的累积也会是通路陈列策略中可致胜的辅助剂。

E. 生产成本策略

如果上述的陈列有了因应的策略，接下来就要考虑整体包装在加工制造过程的一切成本。往往一个商品的售价是根据种种因素而制定的，但它就是不能比竞争商品贵（除非具有独一无二的特色），固定售价也是整体策略的一环。在包装设计生产过程中除设计费外，大部分皆为包材的生产成本，现今的生产设备一切自动化，能降低一些成本，然而太自动化生产出的包装，却难有较大的突破，两者的关系犹如鱼与熊掌难以兼得。此时便可视这一商品的阶段性目标，放手让设计者提一些较突破性的设计方案，往往无心之举恰可得到良好的反应；另一方面如能紧守包材生产成本的最高限，而做些策略上的突破，也可得到功德圆满的结果。

F. 包装附加价值策略

废弃物再利用一直是人类不断追求的目标，因此在进行一项包装的设计工作时，如能把此种概念融入设计中，确实也可尽到做一位社会公民的责任。目前正当环保意识大涨的时代，因此在包材的选用上，除了注意减量、可回收、再利用等条件外，还可从包装使用后所剩下的包材，针对其剩余利用价值来设计一些创意包装；而这些创意包装在其结构、陈列、生产加工等方面，应注意不宜本末倒置而影响整体包装的策略；当然，也有一些包装的设计，从一开始就采用以包装附加价值为其主要的销售策略。

G. 包装故事化的策略

在一切设计、生产、成本的考量一一确定后，其包装大致快成型了，而在此时如能再给包装一些故事性的策略，那就很完美了，况且这些故事性的策略可间接给商品包装带来一些良好的形象。

　　一般而言，故事性的包装，最直接的是可以给广告促销一些题材，如常在电视广告上看到一些广告诉求情节，最后片尾上的画面会与包装结合成一体，让你被这故事化的情节吸引，而最后印象就留在包装上。如此，在包装上架后，其商品可在众多的竞争商品中，较容易刺激消费者伸手去拿这些已留有印象的包装。

H. 促销策略 （Sales Promotion）

　　常见有些新商品一上市便以促销或是在包装上加一些特定的信息作为促销手段，如：NEW、新上市、新口味、%OFF、买一送一等来吸引消费者，而这些手法对较低价的日用百货等民生必需品而言，确实是有效的策略。

　　当接到一个需要促销策略的包装设计案例时，请注意它的处理方式，当阶段性信息因过时而必须删除时，是否会影响到包装设计的完整性，或是它需要经常更换信息来刺激销售，这时的处理手法就有不同的考量。较常用的方式为：贴纸、收缩膜或是再版加印等，有许多的应变方式，当然得视实际需要而定了。

　　以上简述了一些策略、设计的概念，以及现实的市场问题等。然而市场的变化难以揣测，消费者的心更是难以捉摸，但这些皆属于市场行销，消费者的资料可运用调查分析的手法一一了解，以得到一些客观的信息来进行设计工作，但却不能保证一定会提案顺利，因为最初一关也是最后一关，是必须让客户点头的，如果碰上一位主观意识强烈的客户，任谁也无法跟他谈策略；而这"主观"如果也无法被设计者所接受，真不知最后设计出的包装，是要卖给谁？

最后再次提醒，包装设计师所从事的是商业性的包装设计，双方要以很客观的方式来沟通，而沟通的重点当然要放在"人"的立场来讨论，消费者是人；生产制造过程也靠人，客户是人，故应当满足各层面的"人"的需求。然而设计更是人，也应受到应有的尊重。

3. 卖场里 60 与 3 的法则

无论我们花了多长的时间去设计一个商品外包装，当这个商品包装上架后，在消费者的购买行为中，不论设计好坏或美丑，只有"3 秒钟"的时间被消费者看到，但被看到并不代表就会被消费者购买。

这就是我们要说的，包装上架后"60 与 3 的法则"：

"60"— 指的是，一般消费者的手臂长约在 60cm 左右，在一个空间不大且拥挤的超市里，每列货架与每列货架之间也常常如此宽吧？消费者在这些空间内都是近距离地接触商品，所以每位看到的商品包装都变的短视（焦距愈短，看到的视觉愈模糊）（图 1-46）。

"3"— 指的是一般消费者，如没有明确想要的商品，通常他的目光（视线）会在货架上不定向扫射，在任一商品上来回巡视，而视线停留在每个商品上的时间不会超过 3 秒钟（图 1-47）。

图 1-46 ———
消费者已习惯每天在拥挤的陈列架前选购商品

图 1-47 ———
一般商场货架的商品陈列，你的目光会停留在哪里

每一个商品包装都接受 60 与 3 法则的洗礼，而这个经验法则正好给了设计师一些创意的线索，这个 3 秒钟的视线接触时机，才是设计者要去掌握的地方，因为一般消费者都是先看到商品的外包装（无论几秒钟），然后在脑海里才会想起或记忆起以前的经验（印象）而不自觉地伸手去拿商品（此时视线有可能还是模糊的状态），这个过程都是在一瞬间发生，所以有些包装设计要去掌握这个结果，就会采取一些对比强烈的设计手法来吸引消费者的目光，这才渐渐有厂商使用金属或会发亮的材质来印刷包装，因为在卖场的卤素灯光源的投射下，金属材质的折射效果很好，人的眼球有自动追光的机制，这个包装就会特别吸引你的目光，但如果大家都用强烈对比的设计手法来吸引目光，那久而久之同质化的包装设计充斥整个货架，任谁也没有讨到好处，最后还需要一个专业有经验的设计师，来创造更新、更抢眼的包装。

另一种视线移动的测试，设计师尚可简单做一个测试看看，就是将自己设计好的包装，完成一个与实际大小一样的实体色稿，将它放在商超的货架上，利用 60 与 3 法则，去测试这个包装的注目度，看看得到什么结论再来优化这个设计。

实验方法就是：将事先做好的实体色稿，放于同类商品的货架上（或冰柜内），约站离三四步远的距离，快速浏览包装，此时色稿的明视度及注目度为何？与周遭的同类商品对比为何（图 1-48）？再往前走近至伸手可拿的距离（约 60cm），同样地观察此距离内色稿的明视度及注目度为何？与周遭的同类商品的对比又为何（图 1-49）？此时才定点不动，上下左右去浏览一遍，看看这个实体色稿是否够突出、亮眼（图 1-50），以

上的动作都需是连续进行，不能只作定点的观察，那就无法体
会消费者的购买行为了。也可以请设计师站在一旁，静静地去
观察，当真正的消费者靠近你放的实体色稿时，他们是否有被
它所吸引而伸手去拿。

图 1-48 ———
消费者离商品包装三四步远，此
时所接受到的视觉信息

图 1-49 ———
较接近货架约 30cm 时看商品包装
的信息视觉效果

图 1-50 ———
与同类商品包装相比，这款设计
的视觉信息较强烈

第八节丨中文包装设计

汉字，是一字多意的文字。从"包装"二字来看，"包"与"装"两字拆开后分别具有不同的意思，名词"包"是盛装物品的用具，而作为动词则有"裹、藏"的意思；名词"装"是穿着的服饰，作为动词是"贮藏"之意，然而这两字组合在一起又有另外的意义衍生而出。

1.文字创意延伸

光从这点来看，汉字具有很深的文化内涵，对于设计而言，很多很好的设计创意都来自汉字的灵感元素；而在包装设计案例中，也可以看到一些用汉字作为创意元素的例子（图1-51）。汉字的结构大多是由象形文字演变而来，所以很多汉字看起来都像是图，可写成狂草体或抽象到只能意会。我曾请董阳孜老师为我在包装方面的设计提字，我的想法是将英文字"package"结合汉字"包"（图1-52），在中英文两字的结构上做创意思考。

近来中国台湾地区很多商品也引入一些本土味的创意，而闽南语的发音及字意，也常常是设计人爱用的元素（图1-53），汉字的包容性很大，而汉字每一个字形就是一个图腾，经过抽象化之后，左右上下颠倒看，都会产生不一样的感觉，像这样的设计元素身为中国人的我们，应该好好地在创作中善用中文。

图 1-51 ———
"唐点子"是新东阳食品将旗下传统小茶点商品群汇集起来另外创造的一个副品牌，创意来自于"唐"跟"糖"同音，代表小糖点的意思，而"唐"又有古代传统的概念，"点子"是要引喻为小甜点，也有好点子之意，在我们的生活经验中，三个汉字的品牌名传达的可是千言万语

图 1-52 ———
package 董阳孜老师书写，将英文 P 字母图案化冠上包部首，经由书法创作，看似包字又是 P 字

图 1-53 ———
中国台盐公司的"台湾劲水"是取自海底深层的净水，而在品牌名中的"劲水"用闽南语发音是"真水"（很美的意思），而"劲"又与"净"同音，作为包装视觉元素，在瓶子背面印上王羲之的"劲"整体简洁利落，与产品纯、净调性一致

2. 图文同时表现

包装是"无声的销售员"，从这一点就可以看出设计的重要性，再加上包装类型可分为理性功能及感性诉求，何种产品适合理性表现手法、哪些类型商品可用感性诉求，存在着一定的原则。在华人市场中，汉字是我们的母语，取汉字应用于包装为创意元素，是最简单直接的方式。例如：大部分的中秋月饼礼盒，不论两岸三地的设计，在包装上出现月字的概率相当高。月饼属于"有馅的饼"，在中国人生活中常看到订婚喜饼、传统饼铺的饼、夜市小街的饼等，都是有馅的饼，在应景时节的包装上加上"月"字，大家就会立刻联想到中秋月饼，这就是汉字与文化的联结了（图1-54）。如设计人不用汉字，也会在"月亮"的图腾上去思考，无论是用"月"字或是月亮图腾，都是营造中秋月夜近了的氛围。

以"酒鬼"白酒为例（图1-55），他那麻袋随意收口的瓶子造型跟酒鬼的名字结合得相当妙，真实地传达出中国人喝酒的豪迈之气。看见"酒鬼"两字，您的心中会浮现什么样的画面？大概会是不好的联想吧！而一个设计师就是在这个地方发挥功力，抽离、解构、转换再重组，从"酒鬼"的包装上就可看到，字义是负面的，但也可以善用创意来转换并成功地被消费者接受[4]。

而这里也让我想到我的作品中有一个BI Logo设计个案，是一家专门制作米食的工厂，为提升到自创品牌，经营者本土味很浓厚、低调务实，我就帮他想了一个品牌名"饭童"，与"饭桶"（笨拙、憨直之意）有谐音之趣，就这样，概念定了，视觉就出来了（图1-56）。

图 1-54 ———

礼坊给消费者的印象是专业订婚喜饼，如要推出月饼则需有一个沟通的副品牌名，因此我创了"戏月"这名字来对应中秋月饼

●4 ———

　　"酒鬼"在湘西，"鬼"代表着一种超越自然、超越自我的神秘力量，"鬼"诉求着一种自由洒脱的无上境界，"鬼"兆示着一种人与山水对话、与自然融合的精神状态，"鬼"寓示着一种至善至美、质朴天然的审美情趣。楚国大诗人屈原在《山鬼》中将迷失于湘西山野之中彷徨伫立的寻恋少女比喻成美丽绝伦的"山鬼"，"雷填填兮雨冥冥，猿啾啾兮狖夜鸣。风飒飒兮木萧萧，思公子兮徒离忧！"而素有画坛"鬼才"和"怪才"之称的当代大画家黄永玉先生却将出自湘西的美酒题名为"酒鬼"，并题字"全或无"，一语道破酒鬼酒所蕴藏的文化内涵和所阐释的人生高妙境地，道出饮品（酒鬼）与饮者应达到的完美精神境界。酒鬼酒瓶和湘泉酒瓶均为黄永玉先生精心设计而成。

图 1-55 ————
酒鬼包装采用布袋摔在地上的扭曲感，表现喝酒时的率性

图 1-56 ————
饭童品牌，将品牌意义直接用画面呈现，更有画龙点睛的直诉效果

3. 感性与理性的并存

感性与理性并存的包装案例也常常看到。有些产品很普通，而要在没有特色中找出特色，即可用此方法来应用。采用感性与理性并存的设计手法有统一四季酱油（图1-57）、三多利乌龙茶（图1-58）、统一红茶（图1-59）、工研醋豆子等，都是采用感性与理性并存的设计手法。就酱油及茶类而言，已是成熟的消费性商品，而酱油又是民生必需品，任何一家公司推出酱油商品，都不需要去告知消费者此为何物。

有时直接理性地诉求此为酱油、此为何种茶品，反而是有效的方式，因为提到酱油或乌龙茶，每个人的记忆中马上会去对应包装印象，一连串的联想反而让消费者的思绪偏离商品要传达的内容，倒不如直接说是乌龙茶、红茶，这样就更直接理性了。但是任何产品总是需要一个品牌名称被消费者指名认知购买，"四季"两字大多联想到风景的画面，如用感性的风景画面，每个人对画面的解读不一，此时直接使用"四季"两个汉字就可完全地消除这样的疑虑。看到"四季"两字，您会联想到什么样的景象，只有您自己知道，但应该是美好的，我们脑袋里有许多感性美好的记忆，应用这种无形的感觉来结合理性的酱油产品，这个想象空间就留给消费者去思考了。同样地，工研醋豆子产品包装也是用此方法来设计包装。产品内容是工研在酿醋的过程中留下的豆渣，其营养价值高，将其填充成商品，我想说什么也讲不清楚完整的产品特性，倒不如直接就将产品属性放在包装上，"醋豆子"就是这样而来。在"豆"字上加上黑豆的图腾，看起来又是字又像图，大大的字布满标贴的正面，就这样，包装完成了。好像什么也没做，但在理性的直诉中，也带有感性的图腾在其中（图1-60）。

图 1-57 ———
统一四季酱油，将"四季"两字作为画面主视觉，是品牌名也具有感性的引导

图 1-58 ———
SUNTORY 三多利乌龙茶——牛岛志津子设计

图 1-59 ———
统一红茶，红茶（Black Tea）没有差别化的商品，在设计时就更需要设计出差异性

图 1-60 ———
工研醋豆子，将产品特性直接当品牌来用，直接理性说明商品属性

　　提到包装有"包裹"之意，呷七碗的弥月油饭包装设计就是转借这样的意义而来（图1-61）。早在古代皇室贵族中就有这类型的御用盒器来盛装食品。印象中（图1-62），小时候亲友来访都会带伴手礼相互敬谢，当时物资匮乏，即拿盒器来装，再用家里的花布包裹食物当作礼物，到对方家送礼后留下食物，花布还得收回来下次再利用。这样的互动中传达了分享、报喜、敬谢的文化氛围，不用言语即可让对方感受到送礼的诚意。弥月油饭产品就是这样的古早（闽南语，有"怀旧"之意）美好印象而衍生出的商品，包装设计就用红缎布来包裹整个盒子，受礼者收到后就可以感受到喜悦的气氛。

图 1-61 ———
中国台湾地区呷七碗的弥月礼盒，就是采用仿缎布包裹的概念，用印刷及起凸加工作为表现。红缎布来包裹整个盒子，受礼者收到后就可感受到喜悦的气氛

图 1-62 ———
宫庭御用"黑漆描金花果袱系纹长方形漆盒"（1723—1735），在木盒上可以雕出生动的布纹质感，这样的工艺就是一个包装的表现了

4. 谐音与双关语的应用

汉字里也有"谐音"及"双关语"的用法。今麦郎"A区麦场"方便面就是利用谐音的方式（图1-63），将"麦"与"卖"双关运用。从字义去看可以立刻理解为"A级最高档的麦田所生产的小麦"，而读出音来就会有A区"卖"场的联想，意味着"优质的商品只在A级的通路才能买得到"。像这种类型的包装创意常会出现在我们的生活中，但是，好的创意产生容易，要与中国文化结合却不是一件很简单的事。中国汉字博大精深，五千年来虽然我们每天在使用，但也常觉得英文好像比较美、易于编排出有美感的设计，却因此忽略了汉字之美。在中国台湾地区从事创意工作者比别人更幸福，我们每天使用汉字、说汉字、写汉字、画汉字，更要好好地爱汉字！

图1-63 ——
A区麦场方便面，将独特品牌放大处理，黑色配色让品牌更清楚地呈现，想象空间更大

第九节｜从设计提案到完稿

整个包装的成败，全在完稿制作上，它能将一个抽象的设计概念，彻底地实践出来，并可量化生产，所以一个专业的完稿，比一个专业的设计重要。

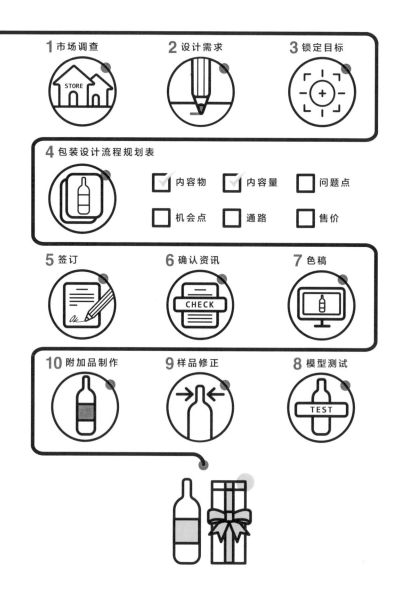

1. 市场调查

如何做好包装设计，一个新商品的产生，最初从企业内部的 R&D、商品定位、生产流程、包材生产设备、行销计划到定价策略等，细节相当繁杂。此时，包装设计的好坏除直接影响到商品的成败外，也间接地与消费者的生活形态息息相关。

因此，商品的包装是与我们的生活习惯紧密相连的，商业包装是消费者接触最多的包装，在货架上陈列的包装直接面对消费者，也是与同类竞争商品一较长短的关键之处。

商业包装常随时间、地点不同，而扮演着一个非常重要的角色，如：陈列架上的竞争、特殊通路包装、各种节庆的特殊包装、特别贩卖或促销包装等。

一个好的包装设计确实能提供商品信息给消费者，因此，我们常说"包装是无声的销售员"；而现代化的便利商店充斥整个市场，整个销售行为也从传统的推销式演变成自选自足的 DIY 形式，已不再有店员从旁促销或推荐的销售行为。所以，目前的包装都须以销售商品为目的。

"你看到的不是商品，而是包装。"这句话的意思是说，当我们到卖场时，看到的不是商品本身，而是各式各样的包装。因为没有包装，即无商品存在，由此可知包装的重要性（图 1-64）。

图 1-64 ———
在现在的货架上，我们看到的不是商品，而是包装

2. 设计品需求

有些新的包装概念，会赋予包装社会责任，企业为了展现企业形象的公关能力，在包装上便会加上一些关怀文字、协寻儿童或正面的宣传信息，借此包装与消费者产生良性互动，达到回馈社会的目的。

在设计包装时我们常以环保的角度来设计，现在设计的趋势已偏向全球性的环保大原则。环保问题方面可从包材减量（REDUCE）、可再生（RECYCLE）的包材及可再利用（REUSE）的包装方面来进行设计。

　　虽然环保是一个课题，但消费者对包装的期许往往会忽略这个课题方面的重要性，从礼盒市场的消费观来看，一般消费者对商品或包装的需求不尽相同。在礼盒包装设计上，常受地方文化、个人信仰、传统观念等影响选购礼盒的条件的束缚；而送礼，须考虑受礼者的感受，一般人为了避免失礼，大多选购较一般的礼盒，送礼者也希望买的商品使用方便、具知名品牌，最好是高贵不贵又买一送一，所以一般礼盒设计都采取"打高卖低"的策略来进行礼盒设计（图1-65）。

图1-65 ———
当您的目光被面向陈列架上的礼盒吸引时，您脑海里想着买或不买，还是环保不环保的问题

3.锁定目标群

　　从一般消费市场的消费观来看，另外一个常见的情形是，消费者会因为心态的满足而决定选购某类商品，例如：穿上名牌衣服，又背上名牌皮包，所选的鞋子也肯定是名牌，喝的饮料也要有品牌。

　　有趣的是消费者都有消费的双重个性，可接受极高级或昂贵的真品，同时也能接受路边摊、仿冒的赝品，所以在进行包装设计时，尽可能地传达出预定的商品定位，并适度地突破品牌是绝对必要的。

　　无印良品是一般消费者所热爱的。"无印良品"概念来自于日本西武百货。当初为了要减少因流通过程中所产生的费用而转嫁到消费者身上的成本，遂至原产地采购商品，直接到西武百货卖场贩卖，这样便可以减少许多运输及流通成本，直接将成本反馈给消费者，且商品的品质也得到保证，在包装规划上以"可用、好用"即可的概念来进行设计，不增加包材可减少油墨印量，因此称为"无印良品"，意即"没有品牌的好商品"。而在中国台湾地区的地摊、夜市也常见类似"无印良品"的好商品，我们也希望能用最低的价钱，买到最高品质的商品。因此，包装设计也要考虑这样的观念，不要因包装的关系而影响商品售价。

4. 包装设计流程规划表

　　谈了包装与消费者的互动关系之后，再来看看如何做好一个包装的流程规划，此包装流程规划可用一流程表格来做推演（表1-3）。

包装设计流程规划表

● 产品分析 1 内容物 2 内容量 3 问题点 4 机会点	● 通路 ● 产品开发概念 ● 售价	● 行销概念 ● 包材	● 市场分析 1 竞争厂牌 2 消费者 3 使用者

▲ 以上各项资料由企业主或广告代理商提供

● 竞争商品收集分析 1 陈列形象　4 包装形象 2 广告形象　5 品牌形象 3 企业形象　6 产品形象	● 包装设计委任书确定	
	● 包装设计	● 基本要素 1 必备资料　4 品牌LOGO 2 法定标示　5 品名SYMBOL 3 条码　　　　& PATTERN
	● 草图	

重新设计或企业提供

- ● 平面提案 → ● 修正
- ● 纸箱设计 — ● 模型 → ● 修正 · ● 市场调查
- ● 平面提案
- ● 生产作业协调
- 协力厂商技术协调 · ● 模型 · 协力厂商技术协调 · ● 完稿 → ● 外制物发包（1 插画 2 摄影 3 喷修 4 电脑合成）
- ● 完稿 · ● 打样 荧幕校正 → ● 印刷监督
- ● 量产 · ● 修正
- ● 量产 → ● 配件加工
- ● 工厂
- ● 商品

表1-3 ——
设计流程规划表

　　首先，在商品规划之前，必须由企业主或其广告代理商提供详细资料；如无完整资料，在包装个案发展之前，设计公司也必须主动收集以上种种资料以进行包装设计（图 1-66）。

图 1-66 ———
商品包装规划之前，必须收集种种的竞品资料，并从所收集的资料中分析出所需资讯

　　在表格最上层的资料中，从"产品分析"来看，包括以下几点：

A. **内容物**：包装内的商品属性。

B. **内容量**：牵涉到包装设计的结构及大小等。

C. **问题点**：观察商品现有大环境、竞争商品或自己商品本身无法克服的问题为何。

D. **机会点**：系指新商品的开发或改变，且别于竞争商品优势的特点。

E. **通路**：商品的贩售地点，泛指一般大型量贩店、超市或中间商等，这些会影响到设计的取材及方向。

F. **产品开发概念**：一个产品的开发一定有其商品利益点存在，必须将其扩大成包装的诉求重点或切入点。

G. **售价**：定价高低往往影响到设计层面或包材结构选用等。

H. **行销概念**：在商品开发的初期，行销概念必须与整体规划一起运作，因其关系到商品后期的上市策略或特殊行销技巧等。

I. **市场分析**：可从现有市面上竞争厂牌的角度来收集商品的机会点或问题点，如果尚无竞争商品，须假想一个竞争厂牌；分析竞争厂牌的同时，也须分析消费者与使用者，两者的差异也很大（图1-67）。

图 1-67 ———
收集资料的方向尽可能从同类商品中来寻找，并可做横向或纵向的延伸分析

5. 设计工作流程分析

在此须特别说明消费者与使用者的不同，消费者是指购买者，使用者是指商品使用者。例如：婴儿奶粉的消费者是父母，而使用者指的是婴儿。

A. 签订设计委任书

以上资料都收集完整之后，便正式进入工作执行。首先由双方签订设计委任书，此设计委任书用以确认彼此双方的工作流程、时效及工作内容，同时也避免双方对工作上的认知有所出入。当委任书确认后，即可进行包装设计工作。

B. 商品资讯的确定

包装设计有其基本的要素，也就是包装上一些必要的文字或资料，例如：品牌标志、品名 Symbol & Pattern 或是法定标志、条码等，此部分必须由企业主主动提供，如无品牌或新商品尚无品名时，则此个案将可拓展到商品的命名、品牌设计及视觉规划等工作，待此部分的资料齐全后，即可进行包装工作。

C. 色稿的制作

设计工作流程先由内部做分组，在分组当中，共同切入不同的概念及表现方法，经过一定时间后，再结合这些想法及概念，用草图的方式来进行筛选及双方沟通讨论，等到表现方向定案后，再进行色稿制作，在色稿制作过程中，尽管摹拟出包装设计的质感，如：材质、色彩、大小、其特殊诉求重点等（图 1-68）。

图 1-68 ———
创意构想先通过草图来沟通，再进行精细的色稿绘制

　　最后再打印输出，用平面方式来提案，通常会提出二至三
个方向，以便能和客户进行更密切、更精准的讨论。

　　当彼此对设计提案有进一步共识之后，即进行设计修正，
越修正便越接近目标。修正之后再进行一次平面提案。当此次
提案经认可后，再继续进行模型（Dummy or Mock-up）的制作，
同时进行结构及精细度的讨论，完成后即可提供给调查公司进
行包装设计的市场调查。

6. 模型测试

　　而模型制作完成后，也可提供给生产线作为作业参考，可由此大致评估出包装的生产、包材及人工时间成本等。而模型的完成也可另外拉出一设计工作，即纸箱设计。因模型完成后，其体积、材积都已接近成品，因此在此阶段进行纸箱结构及设计会较为精准。借由模型与生产作业得到充分沟通协调后，即可进行完稿制作（图1-69）。

图1-69 ——
木模的制作，可以让我们了解使用机能的准确性

　　在完稿后会产生一些额外制作费用，如：插画、摄影、喷修、电脑合成、正片租借等，而发包制作物的品质控制，须由设计者加以控制。当外发制作物完成之后，再与完稿组合在一起。完稿制作须注意印刷出血、包装结构、颜色、档案格式、印刷网线、颜色百分比等细节。

7. 客户确认

　　有些工作为求精准度，或因时间的限制，往往需要请客户来公司做输出前的校稿工作，此校稿工作可能是借由电脑屏幕所讨论出来的具体结果，当完稿定案之后，即进行输出打样的工作，而输出打样时，最好能使用实际生产的材质来打样，如特殊纸张或特定纸张等，如此一来，其打样结果将更接近成品。

　　如果还牵涉到结构问题，其纸张的刀模及折线都会受纸张厚度所影响，因此，完稿制作最好由有印刷经验者加以监督，设计者则扮演视觉品质的控制者，而细致的印制及生产流程，则交由印刷监督人员来执行监控（图1-70）。

图1-70————
瓶型的试模需与内容物的颜色及标贴的印制与材质一并测试

A. 样品修正

　　如果打样有问题，其结构、尺寸、颜色等将再进行电脑修正，重新打样。此次打样同样要依照以上的流程来进行，定案后将正式进行量产，此时又会延伸出配件的加工，因有许多包装为考虑其整体性，有其包装配件的设计，而此配件的加工设计也须严密监控，才能使其最后整体包装达到完美极致（图1-71）。

图 1-71 ———
经过层层的沟通修正后，最后商品上市才能接受市场的考验

B. 附加品的制作

在纸箱的设计上也须注意包装的基本要求，如：承受重量、堆叠箱数或纸箱、纸板的厚度等，纸箱设计同样须进行平面设计的提案及模型的制作，此时可精准算出纸箱的材积，而后方可进行完稿制作，事前须和协力厂商达成技术方面的协调，重点在于确认印刷的颜色、承受重量及印刷最大容忍度。

因纸箱采用橡皮凸版印刷，在色彩的要求上无法像平版印刷来得精美，经过设计公司、企业主及协力厂商确认无误之后，即可进行包材量产，量产后成品送达工厂，工厂即可安排其生产流程及生产时间，最后完成正式商品。

而在完稿制作的部分，如有需要应要求协力厂商技术支援，如：输出底片的最大尺寸、输出档案格式、网线数或其他特殊版、阴片或阳片等问题。

8. 竞争商品的分析

　　以上整个包装流程须另切出一条竞争商品的分析，由各个层面来研究竞争商品，以了解同类产品的机会点及问题点。

　　从品牌印象切入分析，是要得知竞争商品知名度的高低或其品牌定位；从包装形象切入分析，目的在于了解包装结构、大小、材质、人体工学、包材等信息；而企业形象的分析则在于产品背后的企业支持点，同时也收集广告形象的资料、竞争商品或同类商品的广告投入量、广告手法，或是否另有其他特殊的广告方式等；最后则是陈列形象的收集分析，因为包装陈列于货架上，会直接与消费者面对面地接触，因此，在陈列架上，同类商品的陈列之外，是否还有空间让我们想象，以及如包装大小、高度、位置、陈列架的格式、形态（堆箱或放于货架上）、卖场气氛及灯光等细节问题，都必须考虑详细，所分析的资料必须告知设计人员，以利于包装设计的展开（图 1-72）。

图 1-72———
分析竞品的货架陈列及广告诉求，拟出因应策略

　　以上所谈的包装设计流程规划并非一成不变，此表格大致是包装工作的完整流程，常视不同个案、不同包装，以调整其流程内容及复杂性，不论流程的规划如何，设计者本身必须先做的功课有以下四项：

A. 彻底了解所需的设计商品属性及企业或品牌个性等。

B. 收集并厘清同类竞争商品的包装设计方向。

C. 最后末端通路为何？

D. 包材限制、包材成本、工厂生产流程及生产设备优缺点。

　　因包材与生产设备有绝对的影响，因此不要提出违反生产设备的设计，以免增加成本，将商品竞争力削弱；以上四点是设计者必须准备的功课，身为一个包装设计师，平时就应收集包装资讯、了解市场的习惯，因为没人能预知下一个包装个案属于哪类商品，而平时多注意身边周遭的包装，也有助于包装设计时所需撷取的资讯。同时也应深入了解各式各样的印刷技术，因为包装设计最后须通过印刷方式呈现，印刷技术层面相当广泛，印刷技术及材质日新月异，平时应多留心这方面的资讯，资讯掌握越多，做起包装设计时就越得心应手（图1-73）。

图1-73———
平常从包材的收集及分析中，可以看出未来的包材趋势

9. 包装的小细节别忽略

设计者对于生产方面也应多加留意，如果设计出的包装不符合生产成本或不易生产，此包装设计即不成功；也须具备包材的知识，如：铁罐、塑胶袋、PVC瓶等的制作流程及制作宽容度等。

仓储电脑管理的全面化，是零售业的未来主流；而包装上，电脑条码与成分、保存期限等都是包装上必须传达的重要资讯。

在电脑条码的色彩应用上更须注意判读性的问题，因条码感应机会对某些色彩不感应，如无法事先做好色彩的规划，届时印刷完成的包材将无法使用。

某些单色套色的包装设计（因应成本考量而减少印刷色数）如没注意条码色彩的可判读性，只考虑印刷成本的问题，生产后将造成更大的损失。因此，特别提供条码可判读色彩应用表，以利快速、正确地应用条码色彩（表1-4）。

身为设计者，除执着于您的设计想法及表现手法外，真正能成功的关键在于善用各种印刷、材质、生产、陈列技术等。善用技术才能创造出符合厂商需要的完美包装，同时也是消费者喜爱的包装，若能做到竞争商品或同类厂商来抄袭您的包装设计，那将是集成功完美于一身的优良包装。

不适合扫描的条码 (条码 + 底色)

黄+白

绿+红

蓝+红

深棕+红

红+金

黑+金

黑+紫

蓝+深绿

红+浅绿

红+浅棕

黑+深绿

黑+深棕

黑+蓝

金+白

红+蓝

适合扫描的条码（条码 + 底色）

绿+白

蓝+白

深棕+白

绿+黄

蓝+黄

深棕+黄

红+白

橙+白

深棕+白

黑+橙

蓝+橙

深棕+橙

黑+白

黑+浅绿

黑+黄

表 1-4 ———
条码的颜色及底色关系，判读条码主要是读取红外线设备，所以用红色（或红色系）都不
易判读，这原理可以推演到二维条码也会受此限制

PACKAGE
DESIGN

第
二讲 ×

包装与品牌关系

RELATIONSHIP BETWEEN
PACKAGE AND BRAND

品牌形象更是要依赖丰沛的商业行为，
才能有表现的空间。
—

Brand image relies on prosperous trades so as to get
exposures.

全球的商业活动依附在经济体系当中，而经济的活络会带动商业活动的消涨是不争的事实，品牌形象更是要依赖丰沛的商业行为，才能有表现的空间，全球一致性的大型商业活动，如：奥运会、世足赛、世博会等都已品牌化，其背后皆拥有很庞大的经济支援，举行活动可带来无限的商机，广告设计业也会随之水涨船高，而活动进行中或是结束之后，都需要设计工作，其中从商业设计延伸出的"品牌形象规划"也相对地有更多的表现机会。

品牌形象整体从识别系统、定位概念拟定到活动的执行，都是以市场为依据所发展出的一套商业运行模式。而商业活动里的商品开发及生产工作，都与"包装策略设计"脱离不了关系，也就是"包装设计师"的服务领域。一位专业的包装设计师可以提升并参与到商品开发的前置工作，商品的开发是无定性、无限制的，一个商品的产生必须先由厂商开发并生产出一个"产品"，此时的裸产品只是半成品，尚未被定形，必须经过规划并拟定策略及商品定位，再通过包装设计者将定位概念视觉化，此部分的视觉化必须包含"品牌识别"及"包装识别"，才能创造出产品的价值及与同类竞争品的差异化，此时才能算是一个有价值的"品牌商品"。

已被开发且具有经济价值者，就如同市面上常见的产品，各个品牌结合不同的商业活动，带来的价值也会有所差异；如果再将产品改以不同的包装形式，也会创造出不同的价值。这样的商业模式起源于欧美设计先进国家，而近年来被全世界的商业设计界所接受，并应用于所有的商业行为，应用之广，早已根植于我们的日常生活中，不是奥运会期间，也不是世博会活动日或是年庆假期，街首巷尾及各大卖场也常常办活动，企业组织也天天有促销。

　　从日常的生活形态之中，不难看出品牌形象所扮演的角色，而品牌形象在商业设计业中，包装设计项目也增加了许多，从此处可看出包装产业与商业经济活动的关系。而品牌与包装之间的共存价值及形象的延伸，是商业设计中值得研究及探讨的课题，现在的商业活动中两者孰轻孰重、孰先孰后，是先有品牌形象再有包装策略，还是长期的包装识别建构了品牌识别，正是可以好好去研究及学习制定一套品牌与包装的规划模组。

第一节 | 品牌的包装识别架构及目的

消费者日常在购买商品时，总是依自己的感觉在选购商品，或是找寻记忆中熟悉的品牌（商品），这样潜意识的购买行为，在消费行为的论述中早已有之，而这些消费大众在没有品牌知识的情况下，如何建构对这个品牌（商品）产生好感度，又如何与品牌（商品）产生互动的关系，是通过何种形式的信息传播，或是经由大量的广告媒介而来？

理查逊（Richardson）的广告定义："所谓广告，乃对于可能购买广告商品的消费者，以众所周知的商品名称及价格为目的，所作的大众传播，通告商品的要点，使消费者铭记于怀。"这段话可以了解广告对消费者的影响，虽然现代的传播媒介如此发达，然而很多品牌的传播选用"广告"的目的始终是没有改变的。

而国际知名品牌、在地知名品牌或是新推出有知名度的新品牌，在市场上是如何与消费大众沟通，又是如何建立品牌知名度，这个建立品牌知名度的过程，除了将主张品牌这个概念用大众传播方式输出给消费者，而属于具象的品牌标志及品牌识别，还有哪些具象的视觉物，可传播给消费大众，让消费大众能明确地认出品牌？

一个品牌形象的建立除了大量的沟通与传播，而最终的胜负决战是在卖场上，品牌最后所提供的服务就是"商品利益"（Product Benefit），而消费者也常把"商品 = 品牌"混为一体。商品指的是具体的生理服务，而品牌泛指商品及抽象的心理服务；但"商品与包装"的关系是不可分开的，在这模糊的品牌认知关联中，商品包装所扮演的角色是需承载，消费者认知或接受品牌的重要任务；故此，希望借由发展品牌以建构属于自己的包装识别，能提供客户与商业包装设计师一个明确的参考依据。

護色增**亮**潤髮乳
Color Protect Conditioner

護 **色** 增亮洗髮乳
Color Protect Shampoo

全新配方
含PPT滋潤因子&瑞士Parso...

全新配方
含PPT絲蛋白&瑞士Parsol® SLX專利配方

第二节 | 设计与品牌的关系

包装设计看似简单，实则不然；一个有经验的包装设计师在执行设计个案时，考虑的不只是视觉的掌握或结构的创新，而是对此个案所牵涉的产品行销规划、品牌定位等是否有全盘的了解。

包装设计若缺乏周全的产品分析、定位、行销策略等前置规划，就不算是一件完备、成熟的商业设计作品。一个新商品的诞生，需经由企业内部的研发、产品分析、定位到行销概念等过程，细节相当繁复，但这些过程与包装设计方向的拟定却是密不可分的，设计师在进行个案规划时，企业主若没有提供这些信息，设计师亦应主动去了解分析。

不论是新品牌或是老品牌的包装设计，背后都有一个品牌定位及品牌价值来支撑设计的理由，新品牌的定位及价值的塑造，最直接的方式是通过包装设计来传达，而老品牌的包装设计，比较偏重在重整品牌的定位及价值上，也有再次唤醒消费者注意老品牌的印象等因素。由此可见一个商品包装，决对不是展现设计者个人特色或魅力的设计作品。

设计者常以为包装上视觉强度是第一要素，消费者的评价是俗、艳，但这是很直接的反应，设计者与客户之间，有时候角度不同，切入的重点也不同，如果设计师能站在帮客户做品牌规划与管理的高度去看，有时候是要抽离设计师的角色与思维，把自己思考的角度再往上拉，这才符合设计师帮客户规划品牌的角色，而不是只做视觉设计。

在进行包装设计分析之前，首先应厘清"产品"和"商品"两者的差别性：一件未经包装过的内容物为"产品"，经过包装处理的产品方能称"商品"，由此可见，产品必须通过"包装策略"，才能成为在卖场上架贩售的商品。

PACKAGING
包装

Product
● 产品

Merchandise
● 商品

　　在包装设计的工作流程中，有关商品的一些行销计划、商品分析等资料，是企业或是品牌管理者需提供的，因为商品的生产计划主控在生产部门，非外界任何一家公司所能控制，而生产计划会影响到行销计划，这些都会直接影响到商品上市的成败，没有任何一家设计公司敢承担这项成败的责任。

　　包装设计工作有时会从单品包装设计到"纸箱设计"的工作项目，便已是属于物流方面的包装规划了。在此需注意企业的生产工程、物流配送作业、仓储条件，及最后送到卖场后的陈列效果等种种细节。近来因大型卖场的纷纷设立，已慢慢影响到一些传统卖场的包装设计，因此在这方面的包装设计经验，将逐渐成为一位设计者的新课题。

第三节 | 品牌与包装的关系

一个品牌的诞生需先有定位才有价值，而这中间的关键是通过"包装"来传递，因为包装是品牌与消费者之间最近距离的沟通媒介，它是否被消费者接受，事关品牌价值的决定性。

企业自己在内部如何高调地自拟品牌定位，其实消费者一点也不关心，消费者在乎的是厂商所提供的商品是否为自己所需，再延伸到自认为此商品是否有价值，而商品价值的概念来自于平时厂商投入的广告宣传及塑造，再来就是消费者亲临货架时，所近身接触商品包装的实际感受。所以在一个小小的包装载体上，它所要承载的不只是消费者对品牌的主观印象，也必须从视觉及质感上去传达品牌的客观条件。

1.包装的功能与行销的关联性

一个"对"与"好"的包装设计方案，或许只是经营者一念之间的抉择，但后面会延伸出什么商业价值呢？举例：一位很主观且强势的老板，选择了一个他"个人满意"的包装设计方案，也没人敢去挑战他的权威，包装顺利地印制完成，商品也铺货上架，但卖得不如预期，检讨会开不完。问题没解！因为拍案者是从个人"主观，美"的角度去选择包装设计方案，没有从普遍市场上"客观，对"的角度去选择商品包装方案，更没有延续品牌精神或价值的正确方向去选包装设计，两者差在老板主观的美，并不是市场上普遍的美，再说商业包装设计的对象是普通大众，并非满足单一或少数一群人的想法。再者身为高层者会花钱去买自家的商品吗？没有真实地拿钱来买一个商品，是没有办法去理解整个消费者的心理行为变化的，而这个包装是要让外面的消费者愿意掏钱出来买的。

花大量的时间及精力所创造出来的包装设计，别以为一定是好的设计。再举个例子：在大家的共识下，选了一个包装设计方案，同样付印，铺货上架，卖得也不错，但利润总是跑不出来，从任何方向去探讨都很好，但就是找不出问题所在！如果外在因素一切没问题，这时回到设计本身来看，或许可以发现一些不足之处；商业利润的产生不外开源及节流，虽然包装的设计费用高低不论，但总算是一次性的成本，而包材的印制随着时间及量产的持续累积，其成本是一笔可观的数字。如当初选的是一个包材成本不低的方案，随着销路的扩展企业所付出的成本愈多，相对就无法节流了。

上一章谈了"立顿奶茶"的个案分享：立顿是国际知名的茶类品牌，因其品牌高知名度，在销售上还不错，但同类竞品都推出价格战，来争取销售空间，但对一个国际品牌来讲，以整个品牌的价值考量，岂可将售价调低，如因应不好那失掉的不是单一商品，而是整个品牌的形象，又要达成年度的营业目标，此时决定将降低成本来确保目标，而包装这个环节也是控制点之一，我受托思考如何在这环节去降低成本，最后找到在包材的印制成本上，有很大的空间可以来节流，通过设计的手法将品牌形象延续，每年至少可为此包材成本省下不小的包材印制费用（图2-1）。

通常设计人总是感性大于理性，如要做位称职且专业的包装设计师，就必要理性（客观）高于感性（主观），才不会在创作中只想要尽情地表现自我，而不去考虑成本。虽然得到客户的信任委托设计包装，如客户没成本概念，身为设计师总需花点时间去研究学习，未来再提出的包装设计方案里，才不会

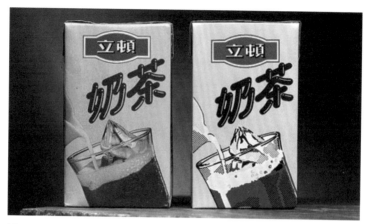

图 2-1 ———
一个彩色利乐包包装盒（左图），如果包材成本要 2 元，一年如销售出 100 万包，包材
成本 200 万元，在稳定销售及不影响形象的情况下，利用设计将利乐包改为套色印刷（右
图），其包材成本如果每个省 1 元，那一年就可多出 100 万的利润

有美而不当的方案。全天下的老板总是想着如何把花出去的钱
再加倍地赚回来，而商业设计的目的不正也是为你的客户开源
及节流吗？

　　以上的实例是从设计师与企业主的角度谈主、客观的问题，
而从学理来看，包装版式架构如：瓶型、盒型材质等结构造形
都偏"主观"的论述，因为这些可视的具体形式都是可被描述
而不会偏差的，而品牌概念就偏"客观"，因为它属抽象不易
被完整口语描述，才需要将品牌定位或主张，用简明的标语
（Slogan）来传达，使消费者能清楚地理解到此品牌带给我们有
什么利益点。

2.版式架构（Template）

A.版式架构中的"形"定义

在包装的设计工作中，有些商品是朝多口味、多系列的方向设计，所以在规划系列设计时，一定要有"版式架构"的概念，"版式架构"可以分成"版"（形：空间、模版）与"式"（色：色彩、元素）两方面来探讨。透过版式架构规范后设计出来的包装就会有延展系统，有些企业为了新品上架时能大面积地攻占货架，以造成强烈的视觉印象，这方法在终端陈列时是很有效的策略，但也会随着上市时间久了，了解消费者对于哪几个品项的接受度，自然淘汰不受欢迎的品项或口味。此时企业就再重新检视，适时地推出新品项，再一次地挑战消费者的品味，如果当初所设计的包装，没有思考到这个可能性，那新品项就很难延伸既有的形象了。

a.立顿的黄色传奇

有些包装的版式架构规划，是以色彩形象来做统调，而有些是以盒形或结构来做系列延伸，如国际知名品牌"立顿"红茶，看到立顿品牌，马上就让你联想起特有的"立顿黄"，无论它发展出多少商品或口味，只要是挂上立顿这个品牌，不管是立体的包装还是平面的设计促销物，品牌管理者总是不会轻易去改变"立顿黄"，这就是以色彩来与消费者联结的一个成功案例（图2-2）。即使市面上有些立顿产品的包装并非大面积的黄，但在靠近品牌标志的位置，会改以"阳光"的设计元素取代黄色印象，将黄色面积以其他元素来取代，是一个延续与转换的好方法（图2-3）。

图 2-2 ———
立顿品牌特有的黄色，是一种在包装版式架构中的色彩传达法

图 2-3 ———
以"阳光"的设计元素取代黄色印象

b. 德芙的六角形美学

　　谈完色彩的应用,再来提一个造型结构的案例,同为国际知名品牌的"Dove"德芙巧克力,在它的包装版式架构上,是采用形状来引起消费者的注意,每种品项的包装除了 Dove 标准的品牌外,包装盒形都是以"六角盒"的结构为主轴,长期与消费者见面,这也是一个好案例(图 2-4)。

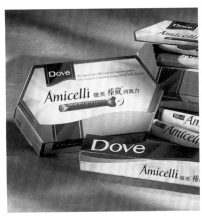

图 2-4 ———
无论什么品项的包装,六角盒的造型,就是 Dove 的印象

c. 味之素 38% 的赤色面积

　　约于 1985 年时,中国台湾地区许多超市的冷冻柜中出现了"味之素"的冷冻食品,此时正是日本冷冻食品进驻中国台湾地区的初期。包装上就已出现了中文字的品名,日本人深知要进入另一个市场里,就必须善用当地的文化,因此即使是一个小小的包装设计,也不轻易地放过。倘若能在当地设计、印刷,并包装加工,成本及文化差异必定能较占优势,且中国台湾地区位居亚太中心,如能从此处包装加工出口,亦是长久之计。

　　笔者受托参与本次的包装设计作业，整体包装设计要遵守日本总公司所定出的 CI 手册（CI manual）中，对包装版式架构设计的规定，手册上明白规定味之素的赤（红）色面积比例在整体的包装面积上不能超出 38%（图 2-5）。

　　以上所提的案例都是国际性的跨国品牌，为了担心苦心经营成功的国际知名品牌，在不同国家或地区会因不同人的品牌管理，而产生有不一样的品牌表现与价值，所以整体的品牌或包装规划策略，都由总部来制定，它要考虑的是在不同国家或地区，是否能顺利执行出品牌价值的一致性，所以不会太复杂，而较重视包装版式架构的逻辑延伸性，这个管理成果是值得设计人借鉴的经验。

图 2-5 ——
色彩在包装上的占比规定，也是版式架构的一种，就是为了延续品牌的印象

B. 版式架构中的"色"定义

在包装设计元素中，造型与色彩是不可分开的元素，两者如能好好地应用，一定可以创造出较独特的设计，而色彩相对于造型是较容易表现的元素，对于产品包装来说，最有效的区分口味就是颜色，消费者从远处即可辨识，上一段"版式架构"的文章中提到了形状及色彩的案例，而在色彩部分只谈到色彩与品牌的印象联结，这里再来探讨一下有关色彩的论述，就从"立顿黄"谈起吧！

从色谱里面的色相来看，这个黄色只不过是个黄色，它是一个中立的颜色，没有任何意义，任谁来使用都可以。其实那个"黄色"跟"立顿"一点关系也没有，从立顿的名字来看，没有可以找到关联的文字意义，更别说有黄色的意义，再说这黄色也并非是立顿所独有，只是长期以来立顿找到了这个黄色，而不断重复地使用在其包装上、文宣上、行销物上，久而久之这"黄色"就转化成为立顿的外衣，任谁也挡不下，如有哪个茶类品牌包装敢用"黄色"为设计元素，那就是抄袭得太直接了，而最后所有的黄色系的包装，都将被立顿品牌吸走，这个时候去跟"立顿黄"对抗一点意义也没有，如果立顿在一开始使用红色、橙色或绿色，照国际型的品牌操作经验来看，当初选用什么色彩都不重要，只是他们深谙品牌与色彩操作的重要性，才会有今天印象深刻的"立顿黄"。

谈了品牌与色彩的关系，再来说说产品与色彩的关系吧！上面提到品牌（品牌名）与色彩，是没有绝对的关系，是企划或设计人创造出来的，而这里所提的产品属性与色彩联想的关系就密切多了，我们对于现有的产品属性是有一定的具体认知的，吃的、喝的、穿的，每类产品都是很明确，且有具体的"物象"存在，而这些具象化的产品，很直接可以联想到色彩（图2-6），如提到"鲜乳"，我们的脑海里马上就会联想到"白色"、感觉到"辣"就会联想到"红色"，不论是具象的鲜乳白，还是抽象的辣椒红，这些色彩联想，都是我们从日常生活中体验而得来的，是属于情感的色彩，而非是被设计出来的产品色。所以在设计用色时，如有必要提示（明示或暗示）产品内容时，在色彩的应用上就必须符合我们生活中的常态经验法则（图2-7）。

图 2-6 ———
红苹果、青苹果的色彩联想，给了设计师很好的色彩概念

图 2-7 ———
红绿联想到了圣诞色彩，这些节庆的色彩概念也是很好的素材

　　版式架构中最成功的案例就是可口可乐，它结合了"形"与"色"的两个包装视觉元素上的模板，在大量的商品中，它总是能快速地分辨出来，如果一个包装上不用出现品牌 Logo 及产品内容，如今也非可口可乐莫属（图 2-8）。

图 2-8 ———
可口可乐结合了"形"与"色"的两个包装视觉元素上的模板

C. 版式架构中的"材质"定义

之前提到在包装设计内，分为"形"与"色"的创造，而在"形"当中又分为：结构造型、文字（品牌名）造型、图案造型等。而在结构造型里除了版式架构的造型，还有材料的材质及可塑性都是创意元素，在材料种类里目前已被拿来当作包材的，无论是纸、木、布、铁、陶及塑料都是好包材，就看设计师如何搭配及应用。

在包装材料的选用上，没有哪种包材适合于哪类产品的绝对性，依赖设计师对于任何包材特性的掌握与了解，从中去改良与创造。坊间的包材应用已朝复合式材料发展，设计师必须学会放弃旧经验的安全想法，应先从包装创意的整体大方向去思考，再来决定选用何种包材，才是最贴切创意的表现。若要创造有弧度造型的容器，一般最容易想到的就是可固定式的塑料或金属材料，这类材料在塑形的稳定性及表现上已属成熟发展的包材，一般消费者与企业的接受度与认识度都不低，若选用大家都想得到的包材，设计就显得没有独特性与价值感。

有个国际香水品牌 Fruit Passion，她的香水包装突破了材料的限制，用纸材创造出很强的视觉质感与造型张力，外型是以富有手感的美术厚卡纸卷曲成水滴状，中间夹层也由纸张裱褙轧型而成，上盖轧出水滴造型，与纸罐身能紧密盖合，这需要精密的计算与制作工艺，才能创造如此的质感，消费者对这样的纸器感受更优于塑料或金属材质，符合品牌给人的感受，这就是设计师厉害的创意表现，不受既定印象材质局限而随波逐流，这才是设计的价值（图 2-9）。

　　另外知名品牌 CK 香水样品盒也是创意的极致表现，设计师用包装结构创造出油压提升效果，在包装开启的同时，能将香水瓶往上抬起，如同油压提升的功能，这一切都只是借由纸材就可创造出的戏剧效果，无特殊机关或仪器，此绝佳作品即是设计师对包材理解所创造出来的（图 2-10）。

　　以上两个包装案例都不是高科技或高成本的成品，而是用再一般不过的纸张让它发挥绝佳的效果，这就是设计师对包材的理解与掌握，懂得用最普通的包材来创造及挑战。某种特定效果并非仅有一种包材才能表现，设计师的价值即在于用包材与设计来创造不同的面貌，挑战一切的不可能。

图 2-9 ———
利用纸材的肌理表情，除了造型张力强，且能保留手感

图 2-10 ———
纸材的可塑性很大手感又好，常在设计师的巧手下创造了很独特的作品

第四节｜国际知名品牌案例分析

市面上贩售的商品包装，其主要功能是传递产品内容的特色，另一方面又要将品牌形象传达给消费者，此沟通任务同时成为消费者购买商品动机的行销载体。

本节的主要论述内容，是分析已上市销售之国际知名品牌的商品包装，从最基础的分析调查作业中了解商品包装与品牌形象的互动现状，从视觉设计及品牌形象两相交集进行分析，研究的结论提供给企业，用于在商品包装设计开发。

一般的商品包装设计并非只是追求单一的贩售价值，而企业希望将包装赋予传递品牌形象的责任，而品牌设计中需要把包装定位在企业沟通战略的一环，才能提高商品包装其在品牌系统设计的重要性。

商品包装不仅是商品的面子，同时也是传达商品或企业（品牌）形象的沟通工具。"今天，消费者所购买的并不是商品，而是对产品（品牌）形象的信任度及保证，与品牌形象背后的心理认同感及服务，这个产品的抽象形象，并不亚于产品的物质特性。"美国的行销学者 T. 雷比德曾如此说过。

为了更加客观了解，商品包装与品牌形象联想，是与包装设计中的"版式架构"、"材料"、"色彩"、"图形元素"或是其他元素有关，而进行商品包装资料的收集分析，期望能借此了解目前的消费者对于市售商品包装的观感和看法。针对本研究所拟定议题，将收集并分类市售商品如绝对伏特加（ABSOLUT VODKA）、可口可乐（Coca Cola）、立顿（Lipton）等，以国际知名品牌的商业包装为基础样本，此样本皆需为中国台湾地区市场贩售商品之包装样本，分析重点将从包装"版式架构"、"材料"、"色彩"、"图形元素"、"结构"及"品牌识别"等方向进行分类，借由分析成果来了解"品牌形象"与"商品包装"的联结度。

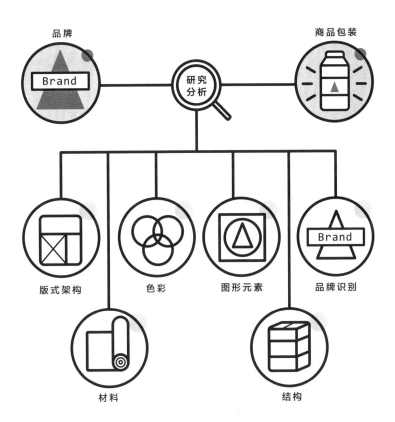

1. ABSOLUT VODKA 包装形象分析

ABSOLUT VODKA 为瑞典的国际知名品牌，译名为"绝对伏特加"。在瑞典南部的 Ahus 附近生产，2008 年时，原本拥有该酒的瑞典政府，将它出售与法国企业 Pernod Ricard。ABSOLUT 最早在 1879 年由企业家 Lars Olsson Smith 创建，是全世界第三大烈酒品牌，仅次于"Bacardi 百加得"和"Smirnoff 思美洛"，ABSOLUT VODKA 目前销往 126 个以上国家，以美国为其最大销售市场。

从图表中的包装形象分析，可以清楚地看出 ABSOLUT VODKA 包装瓶形结构，在造型设计及使用功能上，并没有特殊的结构或使用机能可言，而包装材质也是采用一般性透明玻璃材料，如没有经营或是加入行销策略，仅是很平凡的商品包装，而从早期的包装视觉设计及瓶形造型来看，很难让消费者快速地联结到 ABSOLUT VODKA 的品牌形象。

而任何一个单纯商品包装容器的造型，若无特殊机能结构，对一般消费大众而言是没有任何意义的，而 ABSOLUT VODKA 瓶形的造型属于"中立"的，对消费大众没有好与坏的客观问题，但每位消费者都是独立个体，每个人都会用主观的角度来看待品牌或商品包装之间的一切，此时就会产生美与丑、好与恶的主观辨别。

ABSOLUT VODKA 包装形象分析案例中（表 2-1），得到分析如下：包装"形式统一度"分析占有 62.5%，"品牌识别度"分析占有 50%，"色彩统一度"分析占有 33.3%，而"形式统一度"与"品牌识别度"重叠的部分占有 12.5%，"形式统一

形式统一度强

色彩统一度强

品牌识别度强

表 2-1 ———
ABSOLUT 包装形象分析

度"与"色彩统一度"重叠的部分占有 20.8%，而"色彩统一度"与"品牌识别度"重叠的部分占有 16.6%，三个分析象限全部重叠的部分只占有 0.4%，不到 1% 的比例，由此可见 ABSOLUT VODKA 的品牌形象，不是靠其品牌标准字型或是品牌色彩来统一其品牌形象。

从消费者对它的品牌识别度来看，ABSOLUT VODKA 的包装"形式统一"印象策略确实有其成功的地方，在消费者的品牌识别联结度上占有 50% 的强度，长期以来 ABSOLUT VODKA 不断地用其"瓶形"来创造出各种各样的话题，而慢慢地加深消费者 ABSOLUT VODKA 的品牌认识与认同，对其酒精类商品特性，是以讲求年份、浓度、口感、产地等诉求特性的产业而言，ABSOLUT VODKA 已独自树立了自己的品牌个性 ABSOLUT＝"绝对艺术·绝对伏特加"的品牌印象。

再从分析中加权指数最高比例的包装"形式统一度"来列表分析，探讨与品牌识别联结度之间的互动关系，也就是本主要研究主题的内容，列表中再分别以"形"、"色"、"材质"及"结构"四个象限来进行分析，在分析图表 2-2 中，最上面的 ABSOLUT VODKA 包装图片，是坊间市售的常规品，也是 ABSOLUT 品牌的代表性包装设计，以下的包装图片是从不同贩售通路、不同地区、不同节庆及不同年度，所陆陆续续推出的"促销"商品包装设计，从图表分析中看出，不论其包装外表材质的改变或是因促销目的图样设计的不一样，或者是整体色彩的大改变，只要是能保持 ABSOLUT 传统包装的"版式架构"的联结度，其品牌印象将会被消费者记住。

由 ABSOLUT 的分析案例，印证品牌识别与包装识别中的"版式架构"策略，是一种可操作的成功案例。

形	●	●	●	●	●	●
色	●				●	
材质	●	●	●		●	●
结构	●	●	●			●
形	●	●	●	●		●
色						
材质		●			●	●
结构	●	●			●	●

表 2-2 ——
ABSOLUT 包装分析

2. Coca Cola 包装形象分析

　　Coca Cola，简称 Coke，译名为"可口可乐"，可口可乐公司成立于 1892 年，目前总部设在美国乔治亚州亚特兰大市，是全球最大的饮料公司，拥有全球近 48% 的市场占有率以及全球前三大饮料的其中二项（可口可乐排名第一，百事可乐第二，低热量可口可乐第三）。可口可乐目前在 200 个以上国家或地区拥有 160 种饮料品牌，包括汽水、运动饮料、乳制饮品、果汁、茶和咖啡等，也是全球最大的果汁饮料经销商（包括 Minute Maid 品牌）。在美国排名第一的可口可乐为其取得超过 40% 的市场占有率，而雪碧（Sprite）则是成长最快的饮料，其他品牌包括伯克（Barq）的沙士（Root Beer），水果国度（Fruitopia）以及大浪（Surge）。

　　目前可口可乐在大多数国家的饮料市场处领导地位，其销量不但远远超越其主要竞争对手百事可乐，更被列入金氏世界纪录。其中在中国香港更几乎垄断碳酸饮料市场，而在中国台湾地区则具有 60% 以上的市场占有率。至今，可口可乐虽然有了不少竞争对手，如头号竞争者百事可乐，美国市场的皇冠可乐（曾在中国台湾地区以"荣冠可乐"之名上市），欧洲市场的维珍可乐，但依然是世界上最畅销的碳酸饮料，不过仍有部分国家因为政治等种种因素尚未开放可口可乐进口。

　　在本可口可乐的包装形象分析中，也可以看出可口可乐其包装瓶形的结构，在造型或是特殊使用机能上，也并没有特殊之处。这个分析案例中，依序从包装"形式统一度"分析占有 35.4%，"品牌识别度"分析占有 37.5%，"色彩统一度"分析占有 39.5%，而"形式统一度"与"品牌识别度"重叠的部分为

形式统一度强

色彩统一度强

品牌识别度强

表 2-3 ———

Coca Cola 包装形象分析

0%，"形式统一度"与"色彩统一度"重叠的部分占有 0.8%，而"色彩统一度"与"品牌识别度"重叠的部分占有 18.7%，三个分析象限全部重叠的部分为 0%（表 2-3）。

分析图表中"形式统一度"与"品牌识别度"重叠的部分，及三个分析象限全部重叠的部分都是 0%，由此可以看出可口可乐的品牌形象并不是靠包装"版式架构"及"色彩统一度"来达到与消费者的品牌联结，而在"色彩统一度"与"品牌识别度"重叠的部分有 18.7% 之多，是以 Coca Cola 的"品牌标准字"及"品牌标准色"来与一般消费大众沟通，以达成品牌识别的联结度。

再用加权指数最高比例的包装"色彩统一度"来列表分析，探讨与品牌识别的联结度之间的互动关系，也就是本主要研究主题的内容，列表中再分别以"形"、"色"、"材质"及"结构"四个象限来进行分析，在分析图表 2-4 中，最上面的可口可乐包装图片是坊间市售的常规品，也是可口可乐品牌的代表性包装设计，以下的包装图片是从不同贩售通路、不同地区、不同节庆及不同年度，所陆陆续续推出的"促销"商品包装设计。从图表分析中看出，不论其包装外表材质的改变或是因促销目的图样设计的不一样，或者是整体色彩的大改变，只要是能保持以可口可乐传统包装的"品牌标准字"及"品牌标准色"来与一般消费大众沟通，其品牌印象将会被消费者记住。

可口可乐的这个分析案例印证了品牌识别中的"标准字"及"标准色"维持一致性（一贯性）的策略，是一种可持续操作的成功案例。

形	●	●	●	●	●	●
色	●	●	●		●	●
材质	●	●			●	
结构	●	●	●		●	

形	●	●	●	●	●
色	●	●			
材质					
结构			●	●	

表2-4———
Coca Cola 包装分析

3. Lipton 包装形象分析

立顿（Lipton）是英国的品牌名字，曾译名为（利普顿），现在的立顿品牌为联合利华（Unilever）集团属下的子品牌，代表产品有立顿黄牌茶包、立顿红茶及立顿柠檬茶、立顿奶茶等，立顿早已成为世界茶叶之首，目前在 150 多个国家盛销，其贩售的茶叶数量和品种之多，无人能及，它既代表茶叶的专家，又象征一种国际的、时尚的、都市化的生活品味。

Sir Thomas Lipton 于 1850 年在苏格兰格拉斯哥出生，在 1890 年，Sir Thomas Lipton 亲自前往锡兰寻找世界上最优质的茶叶。他将生产茶叶发展为一种精湛和高尚的艺术；同时拼配茶叶（拼配茶叶可带出细腻的色调和味道。在一个立顿茶包中，可能包含多至三十种不同茶叶）以创造独特和清新的口味。其本着"由茶园及至茶壶"的贯彻精神，令"茶"成为一种流行和普及的饮料，让每一个人均可品味到优质和价钱合理的茶。

而在一个包装设计的分析案例中，不外乎以"形"及"色"两个面来谈，而"形"所指的是造型、结构、材料、机能。"色"所涵盖的范围是视觉、版式架构（Template）、色彩等。这个立顿包装形象分析案例中，从包装"形式统一度"分析占有 41.6%，"品牌识别度"分析占有 37.5%，"色彩统一度"分析占有 50%，而"形式统一度"与"品牌识别度"重叠的部分占有 0%，"形式统一度"与"色彩统一度"重叠的部分占有 23%，而"色彩统一度"与"品牌识别度"重叠的部分占有 18.7%，三个分析象限全部重叠的部分占有 0%（表 2-5）。

形式统一度强

色彩统一度强

品牌识别度强

表 2-5 ———
Lipton 包装形象分析

由上列分析"形式统一度"与"品牌识别度"重叠的部分，及三个分析象限全部重叠的部分都是 0%，而在"色彩统一度"的部分有 50% 之多，而再推算"形式统一度"与"色彩统一度"重叠的部分占有 23%，由其可见在立顿的品牌资产中，其"品牌色彩"是消费者最大的联结点，在一个成功的品牌背后一定有一个庞大的商品群，才能应付或满足各式各样的通路及卖场，而不同的通路渠道，将有不同的包装版式架构或材料的应用设计，而在整个包装系统中，并不是品牌识别系统想统一就能统一的，而需要考虑到，不同延伸出的系列产品、通路、包材属性、印制技术、贩售区域等问题。

从以上分析得出，立顿品牌能在 150 多个国家中占有茶类饮料之翘楚，靠的就是"品牌色彩"的策略应用，而成功地将"立顿黄"推向国际品牌的地位。再用加权指数最高比例的包装"色彩统一度"来列表分析，探讨与品牌识别联结度之间的色彩互动关系，这也是本主要研究主题的内容，列表中再分别以"形"、"色"、"材质"及"结构"四个象限来进行分析，在分析图表 2-6 中，最上面的立顿包装图片，是坊间市售的常规品，也是立顿品牌的代表性包装设计，以下包装图片是从不同贩售通路、不同地区及不同年度，所陆陆续续推出的"促销"商品包装设计，从图表分析中看出，不论其包装外表材质的改变或是因促销目的图样设计的不一样，或是因为产品内容的不一样而改变了部分色彩，只要是能保持立顿传统包装上的品牌色彩——"立顿黄"来与一般消费大众沟通，其品牌印象将会被消费者牢牢地记住。

　　由立顿的分析案例印证了品牌识别中的"标准色"维持一
致性（一贯性）的策略，是一种可持续操作的成功案例。

形	●	●	●	●		
色	●	●	●	●	●	●
材质	●	●	●	●	●	
结构	●	●	●	●		

形	●		●		●
色	●	●	●	●	●
材质			●		●
结构	●		●		

表2-6 ——
Lipton 包装分析

PACKAGE
DESIGN

第
三讲 ×

未来的包装趋势

THE FUTURE PACKAGE
TREND

企业主已重新为包装定义，
同时也赋予包装更多的责任及价值要求。
—

Entrepreneur redefines the packaging and gives more
responsibilities and values to it.

　　面对多元、快速、多变甚至众多未知的二十一世纪，行销策略与消费市场的脉动日新月异，包装的功能也不再只是单纯的"包"与"装"。企业主已重新为包装定义，同时也赋予包装更多的责任及价值要求。相对地，设计师的工作也不再局限于美学的修养或追求标新立异的表现，有许多层面是一位成熟的包装设计师应思考及关心的，就整个包装趋势的发展，我们还是从"包装与结构的关系"及"绿色包材与环保包装"的基本谈起。

1 包装与结构的关系

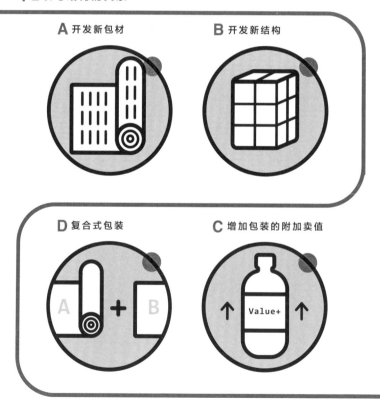

REDUCE/减量

RECYCLE/再生

REUSE
/再使用

SPECIAL STRUCTURE
/特殊结构

3 物流包材

E 瓦楞纸箱

F 再生纸塑

1. 包装与结构的关系

A. 开发新包材

新的包材技术及结构不断研发出来，对设计人来说是一项利多的好消息，因为设计发挥的空间将更为宽广，作品也将更为精致且人性化。从早期的纸材慢慢演变到金属包装，从刻板的正方体结构到五花八门的造型，这些都是包装设计人员与包材技术人员努力的成果，不断地创新将使设计工作表现得更臻完美。

B. 开发新结构——方便使用的包装

可分别依"使用方便"及"使用后方便处理"来谈。

就"使用方便"来说：铝箔包饮料附吸管，让消费者饮用方便；洗发精泵头（Pump）瓶，按压一次即为一次的使用量，不致于浪费产品，有些婴儿洗发精还特别设计成可单手使用的包装结构，以方便妈妈为婴儿洗头发。这些包装结构都是为了使用方便的贴心设计（图3-1）。

图 3-1 ——
包装的结构都是"型随机能"而设计，婴儿清洁瓶考虑到单手使用的情况，所以瓶盖开启要方便单手使用

就"使用后方便处理"来看：因环保意识高涨，商品使用后包装的处理问题也是设计师应事先考虑的。仔细观察市面上的矿泉水包装，有些宝特瓶加了纹路设计，让使用者喝完后方便压平丢弃；铝箔包饮料在饮用完后，也可摊平丢弃，减少垃圾量（图 3-2）。

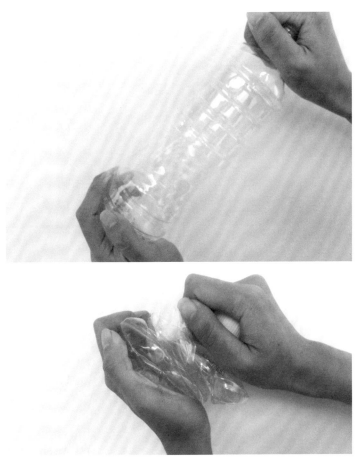

图 3-2 ———
在宝特瓶上的纹路，除了可以增加薄瓶身的承重力，又方便轻松地将空瓶挤压回收

    鸡蛋的保护及运送，考验着包装设计师及企业投入度。如下的案例是笔者在日本旅行时在超市货架上看到的好案例，首先它把蛋形不易陈列的问题统一规格化成为包装盒，使它在货架上可以陈列还可以堆叠，而正面腾出的大面积，正好可以做视觉设计，你在购买后开启使用很方便，而取出鸡蛋后的整个包装空盒，依设计好的压线顺势压下，盒子很容易压扁处理，减少垃圾量（图3-3）。

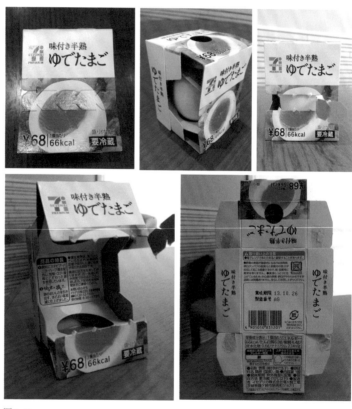

图3-3———
小巧的单品包装，它的结构无论是功能还是机能都具备

C. 增加包装的附加价值

为了减少包装带来的环保问题，除了包材的选用之外，若能为包装添加附加价值，也是一个不错的方式。有些商品礼盒采用收纳盒的概念来规划，使产品后续价值发挥尽致，例如：礼盒常被拿来当成珠宝盒、文具盒或收纳盒来使用，大大地提高了礼盒的附加价值。

剩余的包材再次回收再利用是一个理想，如能在一些特殊商品上，使其包材真的有附加价值，那才真能确保包装的价值，案例是日本超市内零售的炸鸡商品，消费者选好自己要的炸鸡商品，到柜台结账后，店员会将炸鸡放入这个纸袋内，当你要食用炸鸡时，只要先撕下半边纸袋，你的手不会弄脏，可以轻松地享受美食，大大地增加了这个包装的附加价值，而不像平时我们买油炸物，放入纸袋后又再放入塑胶袋中，而纸袋及塑胶袋一个功能跟价值也没有（图3-4）。

图 3-4 ——
内层是防油纸袋，而外面标示撕裂纸，很方便且易懂

D. 复合式的包装

设计师在选用包材时，可以本着创新的精神结合不同包材，利用其材质及特点来呈现包装作品的质感，为商品呈现丰富的面貌。在创作的过程中，秉持冒险的精神，有时会带来意外的效果，过程中能得到前所未有的经验，从反复的错误中吸取经验并成长，才是设计人最大的收获。

2. 绿色包材与环保包装

尽管环保包装人人在谈，但市面上还是充满着华而不实的包装设计，人类长期以来一直致力于环保概念的落实，全世界的环保专家亦不断地提出种种环保对策。但人们在高喊环保口号的同时，却在日常生活中自觉与不自觉地破坏生活环境！就礼饼包装来说，某家重视企业良知的食品公司，曾推出几种再生及环保的礼饼包装，其用心良苦可见一斑，但消费者仍选择铁盒及纸盒。提着层层塑料的包装来赠送亲友，在这个多变又迷失的社会里，大众已变成了多重人格。环保口号可以高声大呼，送礼时面子好看才最重要。

其实要设计及制作出一个富有环保概念的包装并不难，重要的是企业是否有良知来支持这样的设计想法。以下即提出几个环保概念来说明如何进行环保包装的设计工作。

A. Reduce（减量）

"减量不增加"就是环保。在减量的概念中，设计工作者可以从包材及印刷技巧来切入，除非是机能上的需求，不要只为了美观便增加包装的材料。控制印刷的版数（油墨）多寡，同样也可以达到减量的目的，如能善用印刷的技术，也可创造出多彩的包装，而且使用太多由矿物质提炼出的油墨，对大自然及人类都不是一件好事。减量还有另一层意义，就是包材"减重"，在包材的生态设计观念中，缩减使用材料是个关键，经由结构的改造设计或是生产工艺的提升，可大幅度地减少（减轻）包材。

B. Recycle (再生、重制)

在不影响包装结构的情况下，使用再生或复合性的环保材料来作为包材，整体来说，对大自然的能源开发更有助益，企业也能尽一份社会责任。

C. Special Structure (特殊结构)

为了在包装质感表现上减少包材的使用，或是采用再生的材料而受到一些限制，此时可以利用特殊的结构造型来补强包装的质感。善用结构技巧，也能补强包材的强度，以增加在运输上的承受力。

红酒已进入我们日常生活中，而随时随地想品尝一杯红酒，也越来越方便，只要市场上有需要，厂商就会给消费者提供需求，此时设计师也跟着进入提供好设计的工作链中，这案例是一杯红酒的量，方便你随时随地地来一杯，红酒不再是只能装在玻璃瓶内，随着消费习惯的改变及包材工业的发展，传统的包装有传统的价值，而特殊结构的包材也慢慢地被接受（图3-5）。

 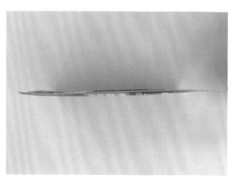

图3-5 ——
图例是用积层材料装红酒的案例，倒出红酒后单薄的剩包材比空瓶子更能做到垃圾减量

D. Reuse（再使用）

以上谈论到的条件需要视实际状况来应用，不论是减量还是再生，将环保的概念融入包装设计中，能为包装设计加分不少。提高包装的重复使用率，是最实际的行为，当产品从包装取出使用后，若包材的剩余利用价值越高，包装设计的 EQ 也就越高（图 3-6）。

图 3-6 ———
上图利用再生纸及木丝来做包材，下图同样是表盒包材，相较之下耗材过多了

第一节 | 包装与结构的关系

包装随机能而变，造型也会随着结构而改变，而结构又会随着材料而改变，而不同的材料又会牵动包装内容物的质变，本节将会把这一连环的关系说清楚。

1. 开发新包材

　　新事物新材料总是不断地推陈出新，一位设计师能在这个大行业里做些什么？包材说起来好像是属于工业制造问题，然而没有设计人的应用或是严选，厂商不会特别去开发或制造，只有市场的需要，设计师的创意使用新包材，包材供应商在竞争下又研发再创新，在这样的良性循环下，背后动力是市场，而设计师们在集体地创造这个市场。

　　上述所提的是"间接式"的新包材产生了互动，而设计是在创造时尚与流行，所以要走在流行之前、时尚之端，是需要创意或创造的工作，开发是"主动式"的行为，有机会或是有能力的设计师，抓住机会当然是可在新包材（新材料）上一展身手，而较多的新材料开发是由其他的领域引用而来，设计师们平日常打开敏锐的天线，去探索、去接触跨领域的专业，常吸收最先进、最前卫的信息，便更有机会去开发新包材或是在包装上引用新式材料，包材的应用是举一反三的概念（图3-7）。包材的应用与开发并非单线进行，它尚需要与印制、加工工艺、配件、生产流程等配合，另外化学现象及物理现象的适度磨合，是属于多方面的技术综合，尤其新材料从不同领域中引用在包装上，初期在生产制作技术上受到一些限制，需不断改良或创新制造技术方能稳定地量化生产，而新材料的制造成本不好控制，及未被普遍地使用，成本未普及化，这种种因素都是影响新材料普遍化的关键之一（图 3-8）。

图 3-7 ———
服饰产业的材料用于流行性的商品包装上

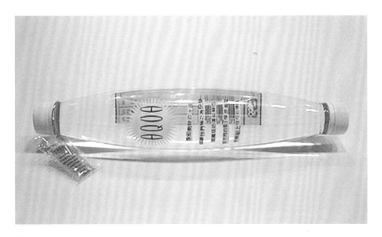

图 3-8 ———
除了材料的研发，有时形式上的改变也会带来不一样的惊喜（学生专题创作的作品）

　　新材料的开发不仅在材料面上，印刷也有所发挥，如感温油墨的开发为商品带来了一定帮助，如巧克力商品会因高温而影响品质，如图 3-9 左图包装上的白熊图案呈现白色，代表在常温下放太久，商品变软口感不好，此时产品需放回冷藏，待白熊图案呈蓝色，口感就是最好的状态，因为应用感温油墨的技术，此商品就不再被消费者投诉。而有些流行性的商品，偶尔应用这种技术也可以促销一下（图 3-10），如加入光学的应用、香味的混合、异类材质的植入等在包装上也愈来愈多了。现代的印刷工艺已超出传统太多了，除了"空气与水"不能成为转印的媒介外，天地万物随着技术的发展还有什么不可能的？

图 3-9 ———
引用印刷的特殊材料，可以克服一些商品的问题点

图 3-10 ———
红色的可口可乐印象变成了黑色（左图），在货架上引人注意，冷藏后变正常（中图），原来是感温油墨的催化（右图），让可口可乐迷为之疯狂

2. 开发新结构

　　包装"结构"的定义并非只是形式、款式、材料的不同，如深入地探讨"包装结构"的课题，需从机能、材料、视觉、心理等方面来论述，而四个层面有其一定联结关系，下面就举些案例并说明四个层面的序列关系。

A. 结构定义之"机能面"

　　设计事件先有因才有果，"因"指的是对（原设计）现状的不满，不满的原因很多，如竞争者推出新设计，也有可能是产品上市久了消费者接触感观疲乏了，也可能产品新技术提升与原设计步调跟不上，或是新材料（经济又实惠）的出现，又或许经营者眼界不同（经营者对于商场上的动因是很敏锐的），在产品的包装上希望别出新裁等原因，有上述的前"因"而后"果"就产生，前因不一样，后面设计出来的结果也不一样。

　　设计事件的因果关系如缩小来看，结构事件也是一样的，任何事改变一定要有原因，销售好的商品包装，为何要变？对一个企业来讲追求成功及利润是永远的信念，而企业成功是因利润而来，今日卖得好的商品，谁也没把握明天会遭遇到什么变化，企业里永远有一群专业人员，有人在计划着未来，有人则在计算着利润，如有更好的改变机会，他们是不会放弃的。

　　销售好的商品包装并不意味着没有改进的空间，就以日常接触最多的罐装饮料为例，早期饮料商品，是用玻璃瓶装，也有用马口铁罐装（早期上盖没有易拉环的设计），而此两种包装封罐后，消费者饮用时都需依赖开瓶器才能打开饮用，这是消费者端使用机能上的不便利性。而从企业端来看，玻璃瓶及铁罐包材都很重，在运输上因为罐身都是圆形，成箱运送又重又浪费空间，再不改进，利润出不来，到头来消费者的使用不便，企业无利，两方都没有好处。技术的进步也是看到市场的需求而提升，而机能面的改进是最根本的起因，也是一切改变的源头。后来人们在马口铁罐的上盖加了易拉环，至少解决了消费者的使用不便，而利乐包的砖形结构包材一推出，以上的问题解决了一大半，使用方便性、运输体积密度增加使运输成本降低、包材不易破损、生产品质好、保存更长等，这些机能性的改良及提升，换算成效益，就是企业的利润，所以包材结构在机能上的改进是首要的切入点（图 3-11）。

图 3-11 ———
由圆罐改变至方罐，在运输及陈列的机能上是一个大转变

B. 结构定义之"材料面"

型随机能而定,在机能上的改造,动念是有一定的原因,而机能定了再来就是形式的问题,而形式的结构,有大部分是决定于材料面,形式可以被制造出来,但材料就不一定能制造出你要的形式,所以在包材上,材料是决定于形式的。

任何时间任何地方,总是有人不断地在找替代的材料,以前不合适的包材,当下未必不能使用,而复合技术的进步,材料上的问题将永远不会终止,除了合适的经济材料,在包装结构设计师的工作里,不断追求更新,更能达到机能要求的应用材料。

借由统一乌龙茶的案例,圆罐变方罐,铁罐变纸罐,从使用机能出发,都是为了解决这些抽象的机能问题,在材料及生产制造方面又回到了圆形,绕了一圈是进步还是在原地?答案很简单,是进步!虽然从形式看是"圆形",但它已解决机能及材料问题,否则这么知名的国际品牌,也不会采用(图3-12)。由图3-12可以看出它已解决了使用机能的问题,运输及生产是属于企业管理问题,企业要生存要经营下去,这问题他们精得很,自己会去算,不用消费者去伤脑筋。

图 3-12 ——
造型随机能而定,而材料决定了形式的结果

C. 结构定义之"视觉面"

机能及材料确定后，以视觉来讲相对地就清楚了些，有人说："设计是产品的化妆师，变高贵变平价，变现代变传统，设计就是能扮出那味儿，何况"材料"是很具象的东西，在材料上用设计的手法来加以妆扮是再清楚不过了，依客观因素加上主观美学也可以的。

有些视觉手法是要帮助销售，而有些视觉目的是要修饰不足，在包装设计里两种可能性都存在，而在结构或材料上大部分是在修饰不足，就以现售塑料瓶装水或茶包装结构来看，因为要节省包材成本所以塑材变薄，而塑材薄了瓶子就不挺，更需要依靠一些切面来增加瓶子的硬挺度，而在切面的布置上就要用设计来解决，除了切面要挺还要有美感（能折射产品的颜色），这类的视觉就是修饰型的设计（图3-13）。

而有些是因为材料的改变，在结构上一定要加以强化，在制造时一定会产生一些肌理，而这些肌理是无法避开的，这时设计的目的就是要把这些无意义（对消费者）的肌理淡化，虽不重要但也要设计得合理（图3-14）。

图3-13——
瓶上的凹凸菱形肌理，有其必要性，视觉设计需包容

图 3-14 ——
塑料瓶上的视觉切面，是先
考虑材料机能再看美学

D. 结构定义之"心理面"

上述的三个层面是依企业的需求做改进，而结构改变的"心理层面"属于消费者层面的课题了，因种种考量或精算，企业决定了包材结构形式的改变或创新。对企业来说是重大的事，但对消费者而言只要有办法让我掏钱买产品，改良有没有新意就凭聪明的消费者买不买单了，这时设计的责任来了，在改良政策定案后，设计是最后与消费者沟通的阶段了。

曾为了品牌或经销商陈列的便利性而设计的包装，如今却为消费者而设计，甚至是专门为某些特殊或特定的场合或人士而开发设计。

设计能达到一定的沟通目的，无论是视觉感观还是心理感受，都能借由设计手法来"装扮"，如果能从心理层面去沟通才是值得努力的，就是感同身受及同理心，在视觉设计上如能体会到消费者这个层级，至少成功了一半。

我们说："要说服一个人容易，要能收服一个人那才叫高。"做包装设计也是这个道理。如果设计是用感性的表现手法，是可以让消费者冲动买一次，因视觉感观所受到感动而购买。但实际产品并非如此，消费者失望会愈大，事实上产品也并非不好，只是包装设计的表现与产品质感有所差距，这类的表现手法较多用于低单价的快销品上，单价低如产品质量没那么好，消费后也不会那么心疼。而理性的包装设计表现，所投射出的产品信息都较客观，由消费者自己去判断，在判断的过程中，只要能扣到消费者的心，距离收服也就不远了。

　　日本近年推出几款饮料包装，在马口铁的罐身上打凹，而套位与印刷都很精准（国内目前也贩售同样的品牌及包装，只不过打凹处改用影像的方式印刷），我们知道马口铁罐是先平展印刷再卷成圆罐，而在成罐后又要打凹图像，那工艺是需要很精准的，而这个结构上的改变是为了什么？展现高工艺水平吗？倒不必多花成本吧！对于这种高价而属于形而上的咖啡饮品，消费者是用"心"在品尝，不是用嘴在喝，这一罐有品味的马口铁罐不知会在他手上把玩多久？这些结构上的改变是要准备收服这群人的心（图 3-15）。

图 3-15 ——
罐身的凹凸不是随心创造的，是在寻找结构改良的价值

E. 方便使用的结构

任何结构的改良或是创新，都不能忽略消费者使用的方便性，依消费者的感受及需要，永远是商业设计师的信念，贴身近距离地观察消费市场，找出创新的商业模式，也会延伸出产品包装的新模式。下面的案例是依消费者的感受而开发的商品：家家户户或多或少会摆几罐果酱，而人多口味也多，塞满了冰箱不说，到期没吃完的现象也常有，这样恼人的事在日常用品中却时常发生，而企业了解到这类的生活现象，果酱制造商与设计师商讨对策，一个新的商业模式就此诞生。

有到速食店去吃薯条蘸蕃茄酱的经验吧！这个小蕃茄酱包就是创意的切入点，蕃茄酱包已是很成熟的商品，在包材及包装上都已商品化，如能引用这个小包材，来填充果酱，在技术上一定没问题，光是初步的构想还不行，尚需再找出更多有利的机会点来评估。例如，在家里烤好香酥的面包片抹上甜美的果酱，兴高采烈地带到办公室，冲杯咖啡打开面包片，正要好好享用之际，面包片闷软了，这种感受真闷！

除了各种口感外，还要用果酱刀抹果酱，抹多抹少难控制，小包装可以改善这些问题，烤好之后再打开果酱包，现涂现吃，每包定量，一次性地使用不需用果酱刀，而在口味的组合上，可以综合大众喜爱的口味于一盒，免去多罐果酱的保存问题（图3-16）。

另一个案例是凉面的包材结构形式的改变，吃面习惯上都是用碗或是用盘，而超市里出售的凉面商品，也不免随俗地用盘状盒作为包材，凉面好吃在于多包酱料的调合，而盘盒在面与酱料的调拌时，常有不便造成酱料不均而影响口感，问题不在面与酱料，而是容器呈扁平面积大，酱料面积扩大，不易搅拌，改良的方向就是解决容器问题，最后采用"杯形"容器，杯子口径小杯身深，酱料可集中凉面浸汁容易，如懒得拌，杯盖一盖，上下摇一摇，马上可食用，这个结构形式改造也是以方便使用为出发点（图3-17）。

图3-16———
已商品化的包材在
使用上应已经过很
多验证

图3-17———
选对了包材结构，
商品的差异化马上
感受得到

　　以上的两个案例都是用现有的包材，适当地引用于自身的商品上，而创造了另一个新的品项，在设计上算是借用，不管什么方式，戏法人人会变，各有巧妙不同，目的就是希望能得到消费者的青睐。以下的案例是以消费者的便利为出发点的改造案，将传统的"积层包材"加上"吸管"与"塑料瓶盖"的三项成熟并已量化的材料，此时包材商看到这个机会点，借用别人成功的优点集成于自身，也创造了另一个包材类的新品项，是借用还是引用都不重要，创意的目的就是要合情合理的新（图 3-18）。

图 3-18——
引用各式包材优点于一身，创造另一个新式的包材

3. 增加包装的附加价值

　　包装使用完后随手扔掉，在日常生活中我们无意识地做出同样的动作，在有心人士呼吁下环保是每个地球公民的责任。但设计的特质就是不断地创造，创造难免会抵触到一些社会的期许，比如说：环保资源、文化价值、社会道德、前卫议题等，如确实要避开这些问题，那就要考验设计人的智慧了，有人说：广告人是社会的科学家，设计人不也是社会的科学家！科学家的创造是要反馈于社会。

　　在包装的附加价值方面已有很多人提出论述，而市面上也有很多这方面的商品包装贩售，大多数是从商品使用完后，剩余的空包材再利用的价值着手，这是目前设计师能做的事。而这些良善的设计创意，在市面上流通，确实能引起多大的效益，但似乎没有人真正地追踪统计过它的成效，但朝这个方向做是对的，终究创意是无限的路，能朝正向的路前进，就别走逆道。

　　在此分享几个实际案例，案例中都是一些快消品，市场上充其量只能算是小打小闹，但也因为小，所以更要用"心"去设计，才能增加包装的附加价值，而所要提的案例，前提是放在如何使包装设计看上去有"附加价值"，且不论是心理的或是感观的价值。

　　以茶礼盒的案例来说：茶叶包装一定有真空袋及外纸盒，高级点的会再有一个外礼盒，这是一套普世的茶礼盒该有的包材，在这个规格下，设计能做的是什么？首先是以减法的概念来思考，盒内充满泡壳，实际上产品不过几两重，这种礼盒看多了也就麻痹了，而有时好东西除了分享亲友外，也要好好犒赏自己一下，这是现在的价值观，所以礼盒不再只是礼盒，也可能是个"组盒"。而小巧才会产生精致感，消费者也不愿拎着大包小包在逛街或旅行，基于这个问题点，直觉来判断减法的设计方向是对的，方形体积最小，以方形外盒上盖切点斜边，才不会使外形看起来平调，斜边的内盒侧面，看起来更小巧而雅致，再附上一本与内盒高度一致的产品说明书，就完成了富感观价值的包装式样（图 3-19）。

图 3-19 ———
礼盒设计要考虑的是送礼者与收礼者的心理

　　紧接着是几个有关心理价值的案例：有些商品是要愈贵愈有效，就如化妆品行业，对于美的追求是无价，基于这心理层面的关系，十个人有十一种说法，而又能用设计说明白什么？

　　这就是靠包装及包材这道具才能产生的价值，从心理层面来看包装及包材的价值出现了，但背后还有更深的一层意义，就是"仪式"的过程产生了认同，才产生了价值，有很多高价的奢侈品，其包装结构或形式就是要让消费者在启用时，需要开启重重的结构，一关一关地翻开，一层一层地掀起，宛如在进行一场盛大的仪式，心理就慢慢地认同，价值也就形成了，目的是将被动的消费者转变成积极的参与者。

　　小灯笼很可爱（图3-20），真要花钱买，又有点下不了手。终究这玩意不是必需品，如果能免费那该多好，如果有家糕饼糖果厂商，看准农历春节期间家家户户都会摆盘糖点招待来访宾客的习俗，年前各家商店或多或少也会搭春节节庆，卖有年味的商品，在结账柜台旁摆些生肖灯笼造型的小糖果盒，可爱讨喜价钱不贵，吃完糖果又可给小朋友当灯笼提，一举两得，结账时顺手一盒，这种小成本又增加附加值的包盒装，是厂商最爱的创意。包装设计的工作什么时候都有活干，什么主题，什么目的的也都有。

图3-20 ———
礼盒设计要考虑的是送
礼者与收礼者的心理

　　笔者在一次出差的住宿饭店里，早餐坐在餐厅角落，看到一件多年前的包装设计（图 3-21），它依然在为往来的消费者服务着。回想这组包装设计应有 20 年了，当时的设计概念是以"一次购足、再次补货"的想法来研发的（图 3-22）。你应该曾在饭店喝下午茶（或 Buffet）时看过这样的情景，饭店会把所有口味的茶包陈列在餐台上或是放入礼盒陈列格里，让消费者自行选用，既实用又可提升品牌形象，这个礼盒的概念就是以能再使用为思考原点。"立顿"将旗下八种口味的茶品放入此核桃木盒的湿裱盒包装内，企图营造出大饭店精致温馨的午茶感受，除了自己饮用开心之外，朋友聚餐拿出此礼盒，也可营造出大饭店下午茶的气氛。当八种茶包都饮用完之后，可自行依个人口味喜好购买补充放入此礼盒内，不断地购买茶包与使用空盒，企业增加销售，使用者可省下不必要的盒装成本，彼此都得到好处，而企业品牌也不断地被传播。

图 3-21 ——
专提供饭店，餐厅使用的木制盒

图 3-22 ———
一般量贩型的礼盒组，是以湿裱纸盒制成

4. 复合式包装

　　未来包材的发展趋势，会朝复合材料方向发展，能减量的包材也已减到底，能再生的包材也再生使用了，可再利用的也一定会被拿来用，剩下是还没被开发及引用的观念或技术。几十年前，就有厂商开始关注复合式的包材这个议题，复合式一定是要两种材料以上方能称复合，而一种材料使用不当就会浪费资源，两种以上材料不就更浪费资源及成本了？其实不然，以下几个论述，大家可以做参考。

A. 资源有限

　　地球资源有限是存在的事实，但每天生活还是会不断地消耗。而在包材产业这个领域的厂商，也在寻找替代性的包材来因应未来面临的问题，材料可以越做越薄，强度可以越做越耐用，质感越做越特殊，原料可以越用越少，这些都不是实验或幻想，这样的包材已在市面上流通多年。就拿低单价膨化食品的包材来说，早期以金属效果的积层包材，在包材层上为达到金属质感，就必须以裱褙"铝箔"金属薄膜（裱铝不透光能防潮保鲜），才能产生金属的效果（图3-23），再加上印刷，在包装质感上就很时尚，很吻合这类商品的年轻感。而复合观念的导入及技术的提升，现在这类膨化食品的包材的制作，全都是以"电镀"的方式制造出金属质感，而近几年又可制造出只有需要金属质感的面积才局部电镀的包材，包材效果一样但成本降低许多，因为总体原料用得少，相对的资源也就消耗得少（图3-24）。

　　由裱褙铝箔到电镀其间相隔没几年，技术上的升级日以继夜地进行着，原因也应是"市场导向"吧。各产业皆以市场需求为依归。企业提供产品，企业需要更好更低成本的包材，包材供应商要满足企业需求，找工业材料商研发，再去找原材料，这就是一个产业链的形成，到最终都要服务于消费者，所以珍惜资源的观念需从你我做起。

图 3-23 ——
裱铝箔能防光照、防潮并保鲜，常用于食品、茶叶与药品等较高价的商品

图 3-24 ———
低单价的商品如要金属质感，一般包材都用"电镀法"

B. 工业提升

　　包材的升级问题在于"工业"，任何原料的开发一定要依赖强大的工业来制造，如要改善或提升包材的质量，就必须提升工业的水平，而近年各地工业不断提升，带动了包材业的创新，以前没想到的包材，或是做不到的包材，现在都看得到了。工业技术的进步，更细致的、更小的、更薄的、更轻的、更强韧的包材不断地被制造出来，就液态罐装包材的演进来说，早期是用马口铁罐装，罐盖上拉环从无到有就不知经过多少年，而利乐包砖形纸包材的推出大量地取代铁罐，就从原料消耗面来看，后者消耗少多了，因为砖形纸包材是用多层材料复合的技术，才能达到低耗能又可轻薄强韧的包材。

这要归功于工业技术的提升，两种包材不只是形式的改变，在生产效能及卫生保鲜的条件上都更快更好，这也是食品工业技术的提升，但最后还是消费者受益，能享用到工业升级好的成果。

C. 运输考量

上述的铁罐与砖形纸包，除了材料的改变、使用方便性的改良、产品卫生的改善，其最大的成功点是在于运输上的考量，铁容器很重，如要从产地运输到世界各地去贩售，那运输的成本一定会转嫁到消费者身上，售价贵，消费者可能就要精算一下，相反的纸包材较轻，所以运费就低，产品售价就较有优势。

另一个层面是体积问题，圆形体积大，而方形体积相对小，装箱或是装柜运输，方形的密度较占优势，一箱（柜）装的肯定比圆形的多，这些体积、材积、密度、装箱数等都是厂商必须精算的，不然将影响企业竞争的优势。运输考量再从资源面来看，一趟货能多运点，对大家都好，所以企业不能不正视这些问题。

第二节 | 绿色包装材料与环保包装

只要谈到环保包材，3R（Reduce、Recycle、Reuse）的基本观念一定会被拿出来谈，除了这三个基本原则是设计师在规划创作包装时需考虑的因素外，还有一些是设计人就可做到的，不必靠第三者或包材商的协助就能实现，那就是设计人的环保意识及设计人的良知，绿色观念如能深植入每个人的心，比谈论什么都重要。

　　除了减量、再生、再使用，还可以从"可拆卸"、"单一材料"及"无害化"来进行设计思考，可拆卸的设计思考就是特殊结构（Special Structure），可拆卸或方便拆卸，意味着可组合或方便组合，有些商品因流通问题，需要在包材上做出特殊的结构，以方便快速地组合贩售，所以在材料的应用上有些是需要特殊需求。而有些包材配件可使用再生材料来制造，而消费者使用后也方便拆卸，容易将包材配件做分类回收，在垃圾减量方面能有具体的成效。图 3-25 是一罐塑料的保养品，在未找到更合适的包材来填充这类产品前，塑料仍是厂商的最爱，而各种化妆品的组合成分都不相同，所以需要依成分而选用塑料，才不会使商品变质。像成分复杂的就需要用耐酸、耐碱的材质，有些成分不能曝晒在阳光下等，基于上述的考量所以常采用两层包材的化妆品包装设计，而包材分类需依不同类别回收，此时可拆卸的结构设计是负责任的设计。

图 3-25 ——
不同的成分需用不同的塑料，可拆卸的结构易分类

　　如采用单一性包材制成的包装物，易于回收再循环利用，但多层次的复合材料必须考虑到易分离且不妨碍再利用。在包装设计中复合材料应用广泛，有塑料与塑料复合、纸与塑料复合、塑料与金属复合、纸与塑料及金属的复合、塑料与木材的复合等多种复合方式，这些复合材料在使用中最大的优点是具备了多种功能，如：多种阻隔功能、透湿功能等，材料高性能化经济效益大，广受厂商的喜爱。然而复合材料也有问题，最大的缺点就是回收难，难在分离分层，而且在回收时复合材料因含有其他材质的包材，将使单一材料的回收品质受到破坏，因此复合材料回收时一般只能作燃料，进焚化炉燃烧回收其热能。

　　另一个案例是订婚礼盒的设计案，按中国人的习俗，每年新人订婚大约都集中在某几个月份，喜饼厂商每年每季也会推出几款新式样的包装。而这些计划都要提早半年以上，从设计到定案，发包制造包材，再进货备料上生产线，有时设计案在制作过程中被同业提早知道而需修改调整，所以必须到门市顺利按计划上市，这时才能放下心来。

　　整个工作流程除了与时间赛跑的压力，其中最大的问题在于多年来订婚礼盒的市场竞争激烈，各厂商在设计上加了繁复的工艺，以求与竞争厂商的差异化，长期以来却延伸为这个产业的潜规则。以上在包装设计及包材配件上的竞赛，谁也讨不到好处，厂商不断投入，新包材（配件）的高成本制作，制造过程中不断地耗掉资源，包材成形体积大运输成本也高，当然最重要是售价居高不下，最后消费者还是没得到好处。最严重的问题在于，当喜饼使用完后剩下的礼盒包材要如何处理，每家一年收到一个以上礼盒是常有的事，这么漂亮的包装盒丢了可惜，留着又没啥作用，最后丢掉的比留下再使用的多。丢在垃圾场内才是问题的开始，虽然礼盒包材大部分是纸材，但在设计时加上太多的配件，在制造时又使用了各式各样的黏结剂，已经不是"单一材料"，所以在分类上很难处理，最后真的只能作为燃料，进焚化炉燃烧回收其热能了。

笔者参与规划一组订婚礼盒的创意工作，大家一致希望能创造出一个由"单一材料"构成并可大量复制及生产的包材，可在地量产省去包材运输成本，又可用视觉设计来延伸其系列品项，当然时尚的属性是一定要的，而竞争厂商如要模仿也难，最后包料是以塑料射出成型。姑且不论材料的环保性议题，综观以上的问题，一个由纸为基材再加上各式各样的人工塑料配件(有时是金属配件)，两个包装（包材）哪个消耗资源多？哪个消耗少？哪个合情？哪个合理？就看你怎么认为了（图3-26）。

另一个是"无害化"材料的执行，除材料是无毒、无害，又可在使用后能在大自然中"降解"，其产生过程也必需控制。为了使包材在其生产全程中具有"绿色"的性能，就必须进行清洁安全的生产方式。在清洁能源和原材料、清洁的生产工艺三个要素中，最重要的是开发清洁的生产技术，就是"少废料"和"无废料"的制造。易挥发或滴漏流失的物料，通过回收再循环，可作为原料再使用，建立起从原料投入到废料循环回收利用的密闭式生产过程，尽量减少对外排放废弃物，这样做不仅提高了资源再用率，而且也从根本上杜绝资源流失，使包材工业生产不对环境造成危害。

　　包装正承受着公众愈来愈多的指责，诚然，使用后的包装废弃物，那些几乎无害且容易分类却可通过回收系统而再被利用包材，将是未来包装设计的新时代。包装设计虽然自有其美观及功能，但也会在使用后成为消费者碍眼的废物。设计师们应从"环保型包装思维"进行设计，由其在包装结构及材料上努力，以便达到易回收、易加工、易再用的一种循环流通规范。

图 3-26 ———
单一材料包材易分类、易回收、易再生、易再用

第三节 | 物流包材

谈到物流包装，我们的脑海里马上会浮现网购商品时所收到的外包装箱。在包装系统中，物流包装较偏向工业需求，属另一个专业领域，所涉及的是缓冲材料与结构、耐摔测试、运输空间成本及国际规范等。现在平面商业设计师不只注意视觉表现，还需关注与单包装有连带关系的"外箱设计"。

外箱的主要功能是方便出货量化、整合运输、堆叠陈列、保护单包装及易于货品识别（图 3-27）；然而，现在无实体商店购物平台的兴起，外箱的功能又被要求得更多，除了传统的物流功能，现在又被赋予"与消费者沟通"载体的功能。

图 3-27 ———
传统的外箱主要易于出货量化、整合运输、堆叠陈列及易于货品识别，所以印刷都采用套色凸版较为经济

厂商在无实体商店购物平台的时代里，会想尽办法与消费者建立良好的互动关系，而这只小纸箱就成为最好的沟通工具，在冰冷的购物过程中适度加入一些温度，让远端的消费者从收到商品"纸箱"时就能感受到卖家的用心（图3-28）。

图 3-28 ———
初收到的外箱、外盒贴心寄语、温馨提示胶带、内装货品从箱中取出、内装货品内的缓冲包材、内装物品拿开缓冲包材、开箱后有货物清单

　　打开纸箱后的"开箱感受"及取出商品的种种过程都充满着喜悦，这种满意度的建立，并非设计人员光从视觉的单方美化就能达到，里面充满着各式与人感受有关的"行为设计"小细节。这方面 Apple 的产品做得最到位，虽然它是个别的单品包装，但它的"开启感受设计"放大至物流外箱设计，很值得设计师学习（图 3-29）。

图 3-29 ———
3C 产品在贩售时是以科技、功能来引起消费的兴趣，包装往往不是被决定的因素，但在
购买后打开包装时"开启感受设计"往往是收服消费者的最后关键

PACKAGE
DESIGN

第
四讲 ×

包装版式架构的建议案例

THE PROPOSALS OF PACKAGE
TEMPLATE

目前在市面上贩售的一般性快速消费品，
对消费者而言都属于"非民生必需品"。
—
The ordinary FMCG merchandised in the market
currently belongs to the "non-necessities".

第一节 | 研究分析

收集市面上品牌的包装形式，从一般消费者对"瓶形及色彩"的直觉感受上，以"版式架构"为基础在分析中求得，可供创作建议模拟案例参考应用。

以消费者对品牌的识别度来说，ABSOLUT VODKA 的包装"版式架构"印象策略确实成功，品牌识别联结度居高，长期以来 ABSOLUT VODKA 用其"瓶形"来创造出各种行销话题，因而引起媒体及消费者认识及注意，对其酒精类的竞争商品只讲求年份、浓度、口感、产地、认证等，ABSOLUT VODKA 便能独树自己品牌的个性及定位——让"绝对艺术·绝对伏特加"与 ABSOLUT VODKA 成为一体两面不可分开的品牌形象资产。由 ABSOLUT VODKA 的分析案例，印证品牌识别与包装识别中的"版式架构"策略，是可操作的成功案例。

而在 Coca Cola 的分析案例中，其"形式统一度"与"品牌识别度"重叠的部分，及"版式架构统一度"与"品牌识别度"、"色彩统一度"三个分析，全部重叠的部分也都是 0%，由此可看出 Coca Cola 的品牌形象不是靠包装"版式架构"及"色彩"制造消费者对品牌的认识，而是以"Coca Cola 可口可乐"的品牌标准字及品牌标准色，达到品牌识别的深度联结。

另一个分析案例是立顿品牌与包装的联结关系，由分析表中"包装的形式统一度"与"品牌识别度"及"包装的色彩统一度"三个象限重叠部分都是 0%，而在"包装色彩统一度"的部分有 50% 之多，由此可见在立顿的品牌形象资产中，其"品牌色彩"是立顿与消费者最大的联结点，每一个成功的品牌，背后一定有一个很庞大的商品群在支撑，才能应付与满足各式各样的通路及卖场，而不同的通路渠道，将有不同的包装版式架构或材料的应用设计。而在整个包装系统中，品牌识别虽要保持一定的系统完整度，但在不同的延伸商品，因受通路、运输、包材属性、印制技术、贩售区域、法规限制等问题，如要完整地保留品牌识别系统，将是一件高难度的工作。从立顿的分析得出，立顿品牌能在世界各地占同类之首，靠的就是"品牌色彩"的策略应用手法。

第二节 | 改良建议

一般企业对于品牌识别形象的认知，尚停留在品牌"标准字"及"标准色"的统一上，较少将"包装识别形象"也纳入成为品牌整体策略，这将是创作建议模拟案的重点。

如前所述，众多企业一般在看待"品牌识别形象"与"包装识别形象"时，都是分开来看待这两个识别系统。而以"品牌识别形象"而言，大部分都只停留在品牌"标准字"及"标准色"的统一性及图像应用上。但一个"品牌识别形象"的精神绝非只有如此而已，其品牌精神是要通过"载体"才能传播出去，让消费大众接收及接受，而"载体"中跟产品最为接近的就是包装，如能好好善用包装载体，并将严谨的品牌识别系统延伸应用到"包装识别"中，才不失当初规划品牌识别的意义。让"品牌识别形象"与"包装识别形象"相互结合，此两者是一体两面的相互传播，在商品的开发上是以包装"基本功能为底"、"附加功能为用"才能一步步地塑造一个成功的品牌。

第三节｜提案创作

本节的创作以实验建议的方式来进行。模拟创作案例中，除主观性的视觉及色彩随着各品类的调性外，其瓶形的使用机能及生产可行性，将以可生产的客观条件来创作。

由第二讲第四节的国际知名品牌案例分析，取样为ABSOLUT VODKA、可口可乐及立顿的分析案例，ABSOLUT VODKA的分析结论，印证品牌识别与包装识别中的"版式架构"策略，是ABSOLUT VODKA的成功模组。由可口可乐的分析案例，得到了品牌识别中的"标准字"及"标准色"维持一致性（一贯性）的策略，使它成为全球第一品牌的。再由立顿的这个分析案例，证明了品牌识别中的"标准色"维持一致性（一贯性）的策略手段，更是一种可持续操作的品牌识别策略。

此提案创作就是依第二讲第四节的案例分析结论为基础，再以目前在中国台湾地区上市的现有品牌的包装设计为创作样本，将分析结论中包括："形态"（Form）、"版式"（Format）的整体"版式架构"（Template）模组套入创作样本中，修正建议符合本研究结论的商品包装版式架构设计，以符合市场实际需求，并融入"附加功能为用"的研究心得，提出几款可行方案，以3D建模的创作方式，提出如下多款品牌包装瓶形修正建议。

1. 金门高粱酒瓶形修正建议案

中国台湾地区金门酒厂于 1952 年诞生，迄今已逾六十载，期间金酒销往外国大受好评，从此金门高粱跃上国际舞台，名声大噪，开启了金门高粱酒的新纪元。现在市面上称中国台湾地区金门酒厂出产的高粱酒为"白金龙"，其因瓶上标贴纸有一对龙形图腾而得名（图4-1）。在重视品牌形象（故事）的消费时代里，如能将现有的品牌资产收编于自己生产的商品中，将可成为行销上的加分策略，又可避免长期以来自身的品牌形象资产被占用。

观察目前市售高粱酒，许多瓶形都会仿"白金龙"的瓶形，以触及一般消费大众对"白金龙"的认同而转移接受此品牌的心理因素，在此提出将"白金龙"的现有玻璃瓶从瓶颈处由上而下、由左至右地突出两条如龙纹的形式（图4-2），以求与竞争产品的包装瓶形产生差异化，慢慢树立"金门高粱酒"的品牌瓶形识别系统（图4-3）。

图 4-1 ———
现市售金门高粱酒包装瓶形

图 4-2 ———
瓶颈突出两条如龙纹的造型

图 4-3 ———
建议设计案，使整体金门高粱酒瓶形有独特的双金龙造型，有别其他竞争商品的差异化

2. 养乐多瓶形修正建议案

养乐多自 1952 年创立以来，迄今已逾半世纪，在众多人的心中"养乐多妈妈与可爱的养乐多瓶"，已是这类活性乳酸菌的代名词，而可爱的"多多瓶形"更是无法被取代的瓶形了（图 4-4）。市售的众多品牌，其瓶形都采用"养乐多瓶"的造型，而同样的以多瓶捆绑组合来贩售，已变成大众购买"多多"的消费习惯。

因为圆形单瓶在印刷上很难在陈列架上朝正向定位（图 4-5），所以发展出多瓶以收缩膜的方式来贩售，一来单价低，多瓶贩售尚不至于让消费者排斥，二来可利用收缩膜的大面积来彩印商品信息，以增加销售（图 4-6）。

在此套入本研究"版式架构"（Template）模组，提出建议将现有"多多瓶形"两侧削平以达到可以多瓶横向陈列，使包装视觉面得以定点（图 4-7、图 4-8），而在多瓶捆绑组合时可以减小体积的空间，新改良的瓶形结构（图 4-9、图 4-10）又能由公司拿去申请专利，以保护品牌的特有资产。

图 4-4———
市售传统包装造型

图 4-5———
现有市售促销包装

图 4-6 ———
圆形包装很难在陈列时正面向前

图 4-7 ———
其两侧削平以求"版式架构"的创作精神

图 4-8 ———
在多瓶捆绑组合时可以减小体积空间

图 4-9 ———
经改良的瓶形设计，可以将包装视觉面定点以利于展售

图 4-10 ———
经改良后的瓶形结构减小体积空间，长期以来可以减少运输的成本及上架陈列的成本

3. 梨山牌果酱瓶形修正建议案

　　市售的果酱都以玻璃瓶装为主，因玻璃材质较稳定，很适合高酸高甜度的果酱产品，但也因为玻璃材质可塑性小，往往都以罐形为主，而果酱产品属于半固态，如瓶口太小将会影响使用的方便性，而无法挖干净瓶内的剩料，造成浪费，及对品牌产生负面印象（图4-11）。

　　在此提出将现有圆形瓶口加大、瓶身压扁，让一般大小的果酱刀能更方便地伸入挖出最后的果酱（图4-12），而为了方便卖场(或家里冰箱内)的陈列，将瓶子底部结构设计为内凹（图4-13），一来方便堆叠，二来可让瓶内的果酱顺势流到四边角落（图4-14），集中剩余的果酱而更好取出，在品牌形象及口味的区分上，将集中印在瓶盖上，以减少瓶身贴纸的浪费，且更防贴纸湿掉，而对品牌及口味的误辨。

图4-11 ———
传统果酱瓶口相对都比较小，使用果酱刀时较不方便

图 4-12 ————
瓶口加大、瓶身压扁，能方便伸入挖出最后的果酱

图 4-13 ————
瓶子底部内凹设计，可让瓶内剩余果酱顺势
流到四边角落，用到最后一滴不浪费

图 4-14 ————
每瓶底部内凹设计，陈列时方便垂直堆叠，
突破现有横式陈列的限制，可在同一货架空
间增加商品陈列面积

4.星巴客咖啡杯修正建议案

国际知名品牌星巴客（STARBUCKS），已从咖啡饮品扩及综合软性饮料市场，商品从专卖店延伸到便利商店，从即饮的纸杯延伸到可长期保存的塑胶杯（图4-15），而所有竞争品牌的咖啡专卖店，或是在便利商店上架的竞争商品，都是一样地采用平腰身的纸杯，外加一只防烫的瓦楞纸套（图4-16），这样的印象已演变成热饮咖啡的刻板印象，各家都全无特色可言。

在此建议直接将瓦楞纹设计在冷饮塑胶杯上，而杯上不平行的斜向切割凹凸纹路，可以拿来作为防烫（防滑）的功能需求（图4-17）。而在中间品牌标志的印刷面，以平整面来处理，可拿来印制（或是贴标签的方式）标示品牌或是产品特性，使新设计的冷饮杯子印象不会与原有星巴客咖啡杯相去太远，此新杯形可与所有同类竞争品的旧式杯形有所区别，增加星巴客的竞争力。

图4-15———
现有市售一般杯装造型

图4-16———
各家都一样的纸杯外加防烫的瓦楞纸套

图 4-17 ———
将杯形上塑造瓦楞纹，除了防滑、防烫还可树立独特的差异化

PACKAGE
DESIGN

第
五讲 ×

包装档案设计解密

UNFOLD PACKAGE
DESIGN FILES

设计的行业里逐渐讲求专业化。
同样地，在包装设计的领域中也趋向于专精。
—
Design industry requires specialization; packaging
design field tends to specialization as well.

设计行业里逐渐讲求专业化。同样地，在包装设计的领域中也趋向于专精。包装设计的范畴，大致分为盒"情"（商业包装设计）及盒"理"（工业包装设计）两大类，前者以行销策略为主，衍生出创意的原点，再应用于商品本身的专业设计工作，也是如何将产品经由创意策略变成商品的工作。而工业包装较着重在：包材的结构性、运输便利性、环保法规及生产制程方面。

在专业内容上必须全面性地去了解包装制程工业中的任何环节，才能创造出一个完美的包装设计案。除了全新的创意，在视觉表现、材质应用、生产制造、包材成本的考虑上，都具有环环相扣的因果问题。这些技术问题都还是设计师及制造商可以克服解决的，但设计完成后要面对的另一个问题就是："如何面对消费者？"其中又要受限于通路上的陈列环境，这项环节往往是最无法掌控的部分，而这也有赖于设计师经验的累积及对市场的了解和敏锐度。在这样竞争多样的贩卖市场中，费心设计的包装能得几分？

在 1993 年及 1998 年，笔者曾著作过两本有关商业包装设计的书，皆偏重在行销设计层面的陈述，这次将再延续以上两本的理念，为求让读者进入更专业包装设计领域，此次将以"包装结构"的角度再度深入探讨商业包装设计。

结构发展在包装设计案中是成败关键因素。结构设计得好，自然能帮包装加分。在多变的市场竞争中，每个商品都极想得到消费者的青睐，因此每件包装设计也都展现出最精彩的一面。但在制式及有限的陈列空间里，现在市面上的包装设计已从早期的"视觉设计"演变到现今必须拥有独特结构性的设计概念，才有机会与其他商品包装一较高下。因此，一个结构性强的包装，摆在市场通路的概率也相对提高。然而在设计及制程进行中，也可能会产生生产线不愿配合或微调生产技术等的一些争议。

本节将针对包装设计中结构应用及制程中的一些经验予以分享，激励一些设计界的新秀一起为商业包装设计尽力，以期未来能在市面上看到更多更好更有趣的商品包装设计，让我们的生活更多彩多姿。

以下内容是以市场上最为大宗的快速消费品项包装为解析的课题，每一案例中，将分为：业主需求"专案概述"、品牌分析"重点分析"、设计方向"图示说明"及成品展示"市场评估"四个层面作为论述，以期能简明并有系统化地介绍每个案例。

第一节 | 食品类个案解析

民以食为天，每天开门忙于柴米油盐酱醋茶的事，它占据了我们大部分的时间。因此消费者在选购商品时，如果厂商能提供一个明确清楚的包装信息，供消费者快速地购买，就是这类品项的设计重点。

1. 安佳 Shape-up 葡萄子奶粉

A. 专案概述

成人奶粉的普及化，让各厂商无所不用其极地开发出新口味或是新成分来增加市场的占有率。安佳 Shape-up 葡萄子奶粉，就是在这种市场需求中所产生的新品种奶粉，主要是以葡萄子中的抗氧化成分为诉求使人更年轻、更窈窕，来满足消费者对美丽、身形的需求。

B. 重点分析

一般的成人奶粉普遍在包材上都采用铁罐的形式，在容量上则以大、小罐的方式来区分，较无变化性。传统的设计也将着眼于视觉面的设计，当一字排开在同层的陈列货架上时，只能以其视觉化的经营来区隔各个品项。

像这类大众消费型的成人奶粉，为了考虑承重、保存及氧化等问题，只能以铁罐形式来包装，很难突破改变。安佳 Shape-up 葡萄子奶粉因为其产品诉求的特殊性，在销售通路上采取多元化的行销模式，除传统的铁罐外，为强调个人化的食用营养保养品特色，另采用小包装的行销手法。

这样的行销策略，正好可以在设计创意上有较大的变化空间，首先外包材的选定可采用纸质，因此在创意的主轴上就可以善用纸材的可变性来强调 Shape-up 的塑身诉求。利用刀模及压摺痕（Scoring）的技巧，在纸盒上塑造出 S 型的盒型，整体看上去，陈列效果张力很强，而视觉设计就沿用铁罐的设计，但要注意的是，它的腰身造型结构，在视觉构图上不要抵销或破坏腰身造型的整体性。

小盒装主要陈列于便利商店的货架，在这类货架陈列上，因空间的限制，常需要直式（左右排列方式）的陈列，而有时又有横式（上下堆叠排列）的陈列需求，所以在设计上便以一面直式构图、一面横式构图的方式来因应陈列上的需要。生产量大，包材成本才能降低，这是不变的法则。在这种条件下，腰身形的纸盒在量产的限制下，必须做一些因应的改变。若非特殊情况，绝不轻易在包装的四边结构上压线或摺线，如此一来很容易影响包装的硬挺度；而腰身形的结构因属非对称性结构，在快速生产时，势必将其纸盒两边压线对折压平、上胶糊型，才能快速地大量生产，也才能将包材成本降到最低。

这一款的两侧压线，在成形为腰身盒形时，侧边会随时间慢慢回复纸质的特性而渐渐回弹鼓出，其腰身效果就不强。因此，在最后产品充填包装后，外面再加上透明的收缩膜将其定型。

C. 图示说明

● 安佳 Shape-up 葡萄子奶粉传统铁罐包装（图 5-1）。

● 安佳 Shape-up 葡萄子腰身形纸盒，因应便利商店的陈列空间
而有直式、横式两面设计（图 5-2）。

D. 市场评估

不同的通路或需求用不同的包装来因应，在安佳 Shape-up
葡萄子奶粉的案例中可以看得很清楚。大型卖场以家庭使用为
主，加强的是品牌及产品特性的差异化，在众多规格化的陈列
模式中，品牌的明视度是重要的。而在小型的便利商店或一般
超市陈列架上，产品的特性正是最好的展示素材，如何快速地
让消费者在众多的陈列商品中注意到，并引发需求，才是设计
的重点。

图 5-1 ———
安佳 Shape-up 葡萄子奶粉家庭用传统铁
罐包装

图 5-2

纸盒包，适应便利商店的陈列空间而有直式、横式的两面设计

2. 立顿茗闲情礼盒

A. 专案概述

茶类产品组合成礼盒组，一直都是礼盒市场上常见的品项。立顿茗闲情 60 包入铁罐装为适应年节礼盒市场而推出一款礼盒组，内容以冻顶乌龙茶及茉莉花茶为主，并期望此礼盒能延长立顿茗闲情的品牌形象及商品的流通率。

B. 重点分析

立顿茗闲情由刚上市时的 15 包入到量贩店通路的 8 包入、15 包入（图 5-3）、20 包入（图 5-4）、40 包入（图 5-5）、60 包入等量别，而包材也由纸质、KOP 积层塑胶材质到马口铁罐装，这一些都是因应市场通路需求而发展的。在平日贩卖的 40 包入也曾在春节时改装成礼盒组，这次的专案商品组合则是两罐 60 包入的铁罐装，要改造成礼盒的规划。

圆筒上盖式的铁罐，于平时贩卖的常规包装是外加一只开窗式的纸盒，开窗的目的是为了让消费者看到里面的包装样本与区分品种。这两款的铁罐上并没有将品种印上去，因此依赖外纸盒来区分。此次专案在礼盒组的规划中，并不特别强调内容物的差异，而是要传达送礼的厚实感，外形上采用立方体的结构设计，但从对角打开礼盒时，两罐产品稳稳地卡在内结构上。

设计表现上采用沉稳的色彩感，在铁盖正面印上立顿茗闲情品牌，没有过多的装饰。因结构简洁，造型平稳，没有过多的弧线，且考虑到须将两罐产品卡稳，太薄的纸是行不通的，因此最后决定采用瓦楞纸板为基材，外面再用铜版纸四色印刷裱于瓦楞纸板上，使整体可以承受铁罐的重量，也能有较强的纸张张力来卡稳铁罐。在外表上，也有很好的视觉效果。

在礼盒组中另一个不能忽略的部分是携带便利性。在卖场的陈列上常看到有些礼盒很漂亮，购买后还另附赠一个成套的手提袋，通常高售价的商品可以采用附赠提袋的方式。至于基于成本上的考量，售价较低的礼盒则会考虑直接在礼盒上加上手提功能，以达到既可陈列，又方便提携的目的，但在整体结构上会对一些造型创意产生限制。在不失礼盒质感，又兼顾结构及生产可行性，且成本不能过高的种种限制下来发挥创意设计，这也常常是考验着设计师经验、创意及解决问题能力的机会。

图 5-3——
立顿茗闲情第一次上市以 15 包入包装

C. 图示说明

- 平常贩卖的立顿茗闲情 60 包入的单品包装（图 5-6），内容器为铁罐，外面再加上纸盒开窗，让消费者能看到内装的金属罐质感（图 5-7）。
- 立顿茗闲情 60 包入铁罐装的礼盒结构，在陈列、开启、提袋上都有完整考虑，其生产及成本都是在合理的条件下所产生的创意（图 5-8）。

D. 市场评估

礼盒的销售量通常要先估算当时的经济状况及通路需求，以便预估生产的数量。在节庆过后礼盒组下架时，其内容商品还是完整的单一商品，因此必须以不影响其卖相为最佳的规划方式。立顿茗闲情 60 包入两罐装的礼盒组，即是在这个原则下所产生的。要能快速地组合成礼盒组，而下架后也不会变成过时库存品，消费者在节庆时所买到礼盒售价与平日相同，这样的礼盒规划方案算是一个双赢的策略。

图 5-4 ———
立顿茗闲情 20 包入包装，因超商通路，就设计直横两面供方便陈列

图 5-5 ———
立顿茗闲情 40 包量贩包

图 5-6 ————
平常贩卖的立顿茗闲情 60 包入单品包装

图 5-7 ————
平常贩卖的立顿茗闲情 60 包入的内装为金属罐的质感

图 5-8 ————
立顿茗闲情 60 包入铁罐装的礼盒结构，在陈列、开启、提袋上都有完整考虑

3. 桂格 Light 88 三合一麦片

Quaker
Love Life™

A. 专案概述

中国台湾地区零售谷物市场可分为：三合一谷物、即食谷物及健康谷物饮品三大类。由于健康意识抬头，整体谷物市场呈现饱和趋势。市场竞争激烈，低价谷粉的商品推出及替代性商品太多，严重威胁到桂格三合一麦片的市场占有率。于是桂格针对现代人追求健康、低热量的饮食风潮，推出一杯只有88卡路里热量的麦片产品，以突破价格竞争的窘境，争取更多的市场份额。

B. 重点分析

市面上现有谷粉商品约有二十几个品牌，除了少数几家采用盒装外，其余大都以袋装为主。对于慢慢趋于老化的商品，在末端陈列通路上，极需多些创意来刺激消费者的注意。在众多谷类品牌多采用较低成本的袋装式包材来销售的情况下，虽能借由袋装来降低成本，但相对地在创意的表现上便会受到一些限制。桂格 Light 88 三合一麦片，其商品定位为：低脂、低糖、低热量，所以在新上市的包装设计上，为求与现有谷类商品袋装形式有明显的竞争优势，便采用较高成本的纸盒形式为包装设计基材，以求以全新面貌在同类商品中脱颖而出，在陈列上能提高消费者的注视率及兴趣。

纸质的包材是最为普遍广泛的材质之一，为避免与其他包装同质性过高，在设计时即可从纸材的特性加以利用，使其多变有趣。六角盒形的造型结构，有别于一般正方形盒形的呆板无趣，多角形造型在视觉设计上较为活泼，若应用得宜，会增加产品陈列上的张力。但在大量生产的机械性上是有些限制的，便于成形之外也需考虑到成形后的牢固及生产装填的便利性。采用此款六角形包装结构，重点在于盒底的生产成形技术问题，包材要能压平交货才合乎降低运送成本及包装库存的实际考虑。

C. 图示说明

- 六角形的结构设计，无论是盒盖面，还是盒身，在视觉上都有很好的传达张力（图5-9）。
- 需要以大量的机械生产来降低人工包装的成本，而且可以压平交货的结构性向来是平价产品包装生产的重点，此外成形后的牢固性也很重要（图5-10）。

D. 市场评估

差异性不大的同质性商品，在新上市或推出新包装时，改采用一些结构性较强的包装形式，可以给消费者不一样的新刺激。桂格 Light 88 三合一麦片采用六角形盒来引起注目，在超市及大卖场通路都有不错的佳绩。为了在超市通路也能顺利铺货，便因应超市陈列上的需求，另推出立式袋装的便利型包装，以因应不同通路的销售需求。

图 5-9 ———
差异性不大的商品，新上市时采用一些结构性较强的包装形式，可给消费者不一样的刺激。六角形的结构，无论是盒盖面还是盒身都有很强的视觉张力

图 5-10 ———
压平以机械大量生产来降低人工包
装的成本

Dove
德芙

4. 德芙 Amicelli 榛藏巧克力

A. 专案概述

德芙是一款巧克力的品牌，旗下有很多系列商品，而 Amicelli 榛藏是较特殊的系列，其产品特性是以巧克力酥卷内溶入"榛果酱"为诉求重点。长期以来，六角形的独特包装造型与 Amicelli 有密不可分的印象联结度。以往以 3 入装为主力的销售方式似乎分量稍嫌不足，继而发展出 8 入装的零售包，以满足有量多或分享需求的消费群。

B. 重点分析

德芙品牌的发展概念是"每天的礼物（Daily Gifting）"，偏向有主见的都市品味，在这个主轴下同时延伸品牌讲究的易分享精神，不论是广告表现、包装、产品等都在此意念下发展。8 条入的包装设计，整体的结构将保留 Amicelli 的六角独特造型，在结构特殊及可大量生产的原则下，延伸出六角盒的结构。在造型与视觉的设计中，都尽量保留 Amicelli 的品牌形象。在材质上，以纸材为包材，不仅在成本上、结构上与视觉上都将有较大的空间来发挥。

包装在陈列上因为长六角形的结构，正面有足够的面积清楚地传达出品牌视觉，展示效果张力很强。拆封只要将上盖掀开就能取出产品，正面下方有卡榫的设计，上盖可盖回即保持盒形的完整性。多次的重复使用都能完整地保留 Amicelli 的优质品味。

设计进行中较难的挑战是解决开启方式。销售时要能展现出商品的完美性，而开启使用上又要很方便且易撕开，所以在盒盖内的结构上，事前在内盒上面先轧好裂线模切。而回盖上盖时，为了不会因翘起或无法密合而破坏整体感在下方加纸卡设计。

C. 图示说明

- 上盖纸卡结构，回盖时能卡好上盖面，增加重复使用性（图5-11）。
- 上盖面预先轧撕开用的模切，再上贴合在盒盖里面，使撕开取用产品时，能轻松地撕裂并取用（图5-12）。
- 压扁成形交货，适合大量生产（图5-13）。

D. 市场评估

　　巧克力的包装在造型与结构上，是属于较感性的商品，需要有较优质的表现，无论在视觉设计或是在结构的独特性层面，都要有一定的质感。德芙 Amicelli 8 入装上市后，与原来的 3 入装同时在架上贩卖，成为长销型的商品（图5-14）。

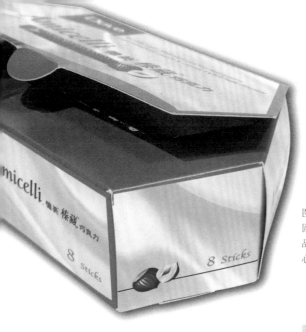

图 5-11 ———
固定的品牌标志的位置，并将产品名及特性，放大聚焦于标贴中心点

图 5-12 ———
预先轧撕开用的模切，贴合于盒盖里面，能轻松地撕裂并取用

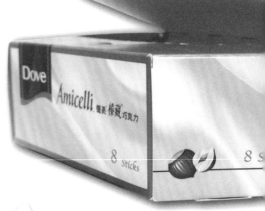

图 5-13 ———
压扁成形交货，适合大量生产

图 5-14 ————
巧克力的包装在造型与结构上，是属于较感
性的商品，需要有较优质的表现

五惠食品

5. 五惠花生酱系列

A. 专案概述

　　五惠食品是中国台湾地区一个老品牌，旗下的花生酱及果酱是伴随着我们长大的商品，因社会及家庭成员的变迁，自行做早餐的市场正面临萎缩，五惠食品原品牌商品，将维持供应原来的烘焙原料市场及ＣＣ的通路，而将旗下的"梨山牌"独立并重整商品线及品牌识别，以便进军一般超市通路。

B. 重点分析

　　传统的花生酱在容量上都很大，因早期的家庭人口较多，使用花生酱的速度相对也较快，在使用后需将花生酱放于冰箱内冷藏以保品质。受限于当时的制造技术，往往商品取出使用时会变硬，品质虽没有改变，但让消费者的观感不佳。又因现在小家庭的成长，反而传统的花生酱及果酱没有成长，再加上大家健康意识的提高，高糖、高盐的商品势必慢慢另求出路，所以在容量及产品上都做了调整，容量改为340g，瓶子为PET宽口盖，产品增加了颗粒及海洋深层盐，又推出自行研发"花生涂抹酱"改善不易涂抹的特性，商品质感很像慕斯，所以用"呦幼"副品名来代表此系列商品。

　　配合以上的种种改变，在包装设计上（标贴），首要的条件就是要清楚地传达商品信息给消费者，并重新设计"梨山"的品牌标志。传统花生酱或果酱的标贴设计，大家都采用大大的水果、大大的花生彰显出内容物。这次趁着品牌及商品重整之际，我们整理出了一套新的表现手法，将视觉集中于小小的标贴上，并将产品名结合了特性聚焦于标贴中心点，期能与同类的竞品区别开来，而在花生涂抹酱的新品标贴设计上，我们加入一些大面积烫锡的图案表现，让整体看起来较年轻时尚，可以拉近一些时尚的消费群。

C. 图示说明

- 传统花生酱的表现手法，大大的花生用来指明内容物（图5-15）。
- 将梨山的品牌独立并固定在标贴的明显处，又将产品名结合特性，放大并聚焦在标贴中心点（图5-16）。
- 小标贴采用集中视觉较有力量（图5-17）。
- 为了突显新产品的差异性，在设计上加入一些设计语汇（图5-18）。

D. 市场评估

新包装的视觉表现，由传统同类品都用 Me too 的手法中脱颖而出，上市后消费者慢慢地注意到"梨山"品牌的独特性，因为新口味及新包装陆续上市，让消费者接受此老品牌转由新风尚的时代感代替。

图 5-15 ———
五惠食品与梨山牌并存，消费者几乎没注意到梨山品牌的存在

图 5-16 ———
固定的品牌标志的位置，并将产品名
及特性，放大聚焦在标贴中心点

图 5-17 ———
梨山牌集中视觉法，将慢慢应用于其他系列包装上

图 5-18 ———
采用印银的表现手法增加设计语汇

6. 山醇咖啡赠品组（on-pack）

A. 专案概述

山醇咖啡在上市初期曾借由搭配赠品的方式来作促销，让咖啡以茶包式的特性使消费者能接受。在赠品的选择上，必须选用与商品有关的咖啡杯，让商品与赠品能组合成一体来贩卖。

B. 重点分析

盒装的商品加上一个咖啡杯，要将两种不同体积的物体组装，除了要降低包材的复杂性与人工包装的时间成本，同时必须展现出赠品的质感与物超所值。为了满足以上的需求，首先，必须考虑到咖啡杯的易碎性与展示性，便采用半开放式的包装结构，才能避免运送过程中损坏，也能让消费者看到赠品杯的骨瓷质感，增加赠品的吸引力。

具挑战性的是盒装式的商品有固定的材积，不能被改变，所以就要在赠品的材积上加以修饰，使其既能完整保护赠品，又能与商品组合在一起，在卖场陈列时既可堆叠，又不用担心赠品被偷走。

包材采用单层瓦楞纸，不仅成形容易，也不会太厚重而影响骨瓷咖啡杯的质感，而且还可保护赠品杯。结构上便整合成与商品的大小同体积，在绑赠时不会因有太多死角而造成摆放不稳定，降低整体的质感。杯子最脆弱的是杯口及杯把，将杯把完全包在盒内是最好的方法，而为了表现杯形及质感，开窗式结构不能少。所以在杯口处加以保护是必要的，赠品盒与商品最后再用收缩膜绑赠，一组附赠品的商品上市就完成了。

C. 图示说明

● 开窗式的设计可以让消费者接触到赠品的质感，是最直接的
  表现手法。上面凸出的结构能保护到脆弱的杯口。

● 将杯把包在里面，可以避免被撞断，外盒的设计就以印刷的
  方式表现出杯子的整体感（图5-19）。

D. 市场评估

　　在卖场货架上，常常看到绑赠的组合销售方式，这些绑赠
往往因组合物的体积大小与商品差异太大，重量比不平均，内
容物的质感等因素而有不同的顾虑。能够克服体积、材质、成
本、结构等因素，得体合理地整合成一体式的绑赠是设计者追
求的目标（图5-20）。

图5-19———
开窗式的设计可以让消费者接触
到赠品的质感

图5-20———
在卖场货架上，常常看到买一送一的 on-pack 组合
销售方式

7. 献谷米

A. 专案概述

由中国台湾地区农委会苗栗农改场辅导，公馆农会出品的"献谷米"，系以传承七十余载的技术与品质所生产。献谷米生长在土壤肥沃、泉水清澈的环境下，并以严苛的耕作栽种技术，所生产的米粒饱满晶亮、饭香四溢。

B. 重点分析

因公馆农会自营品牌"献谷米"产量无法与市售量贩米相比，我们采以精品伴手礼定位来作为区别，整体包装以线画方式表现出农夫耕作及天然的草地、土壤，以此来呈现献谷米的两大特色—环境、技术。品牌 Logo 则清楚地置于上方，左上方并加上公馆农会的 Logo 来显现农会出品的用心。品牌上方以毛笔字如同画作的题诗般书明产品的特点：灌溉献谷田·优质姊妹泉水·栗公馆忠义米。而质量数以红色刻印置于文字落款处。

为突显白米的晶莹白亮，整体刻意以黑色的包装为主色。细细的浅灰线条印于黑色上，让整体呈现细腻丰富却不张扬的特性。产品名则以反白呈现。为显现糙米的朴质纤维，整体刻意以白色的包装为主色。细细的浅灰线条印于白色上。

延续献谷米的包装设计风格，将白米、糙米各以真空包装成砖形包，以麻绳绑起，并将两包以筷子串起，整体如同扁担。可依需求自由组合两白米、两糙米，或一白米一糙米的组合装。古朴的农趣，可作为伴手礼品。

　　另制作小包米的礼品包装，整体图像以淡雅的色彩呈现，搭配米色的底色，表现出古朴的质感，在质朴中显现精致的细腻质感。手提袋则采用袋形的形式，提把处以反折方式增加精致感。整体以黑色为主，侧边则印上品牌小故事，让人们更加认识献谷米。必要地，赠品盒与商品最后再用收缩膜绑赠，一组附赠品的商品上市就完成了。

C. 图示说明

- 白米及糙米的三千克装，将用黑白极度对比的颜色来区别，开窗式的设计可以让消费者看到献谷米的质感（图 5-21）。
- 将 600g 的小包米真空成为正方形，以麻绳绑起，并将两包以筷子串起，整体如同扁担般（图 5-22）。
- 另制作小包米搭赠手提袋，是专攻伴手礼的礼品包装（图 5-23）。

D. 市场评估

　　传统的米包因体积较大，常常被陈列于货架最下层，消费者到农展会展示中心，往往会忽略它的存在。经规划后将献谷米朝礼品定位，除了陈列上可以集中并推出主题促销，在农展会的网站也有贩售，以 600g 市售的价格来讲献谷米是售价最高的，但是得到一些新婚消费者选购为喜宴回礼，由此可见价格并非绝对的（图 5-24）。

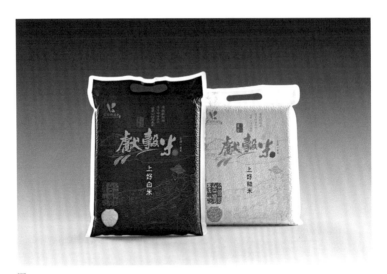

图 5-21 ————
一黑一白的对比设计正可彼此衬托质感

图 5-22 ————
选购单包或是对包，装入一致性形象的手提
袋，增添品牌的质感

图 5-23 ————
在货架上层将献谷米全系列商品陈列在一
起，增加销售

图 5-24 ———
背景的一张简单影像，不用多余的文字，
就可以感受到献谷米的品牌精神

8. 游山茶访乌龙老茶系列

遊山茶訪
YOSHAN TEA

A. 专案概述

这系列的产品是二十年前即开始有计划珍藏的一批乌龙老茶，每到二十年，即上市一批收藏二十年的老茶。中国台湾地区气候较为潮湿，乌龙老茶要收藏二十年实属不易，因此二十年的老茶并不多，属限量珍藏类的茶品，在游山茶访品牌之下归于一支特殊的产品线，需要为此特别的产品做命名及包装规划。

B. 重点分析

珍藏二十年的茶品，第一印象就是"老"，但若要从"比老"这件事来进行设计，市场绝对拿得出比二十年还要老的茶；因此设计反向思考，以简约现代的调性、卖新不卖老的概念来诠释老茶，在一片老旧传统的老茶包装当中，这一款卖新不卖老的包装立即引起消费者注目，并将其命名为"乌龙老茶"。

为了收藏保鲜的问题，内袋采用真空铝箔包，没有太大的设计空间，但在铁罐这个第二层包装设计上，即是设计与印制加工可发挥的表现空间。大量留白与简约的线条由铁罐一直延伸到湿裱盒的第三层包装，在色彩的应用上，特别在铁罐印上金属油墨，因此铁罐的色彩呈现一种特殊质感，而不是常见的印红或印蓝效果。第三层包装采用的是湿裱盒，除了延续一致的视觉之外，在屋顶有双斜边，为简约利落的包装增添视觉冲击，并延展至产品说明书及手提袋。在第一批乌龙老茶成功上市之后，继而推出比较便宜的系列性商品，同样延伸一致的设计调性，但铁罐上即采用一般的印制油墨，并非特殊的金属油墨，而且外盒采用硬纸板折盒，不过依旧维持了30°倾斜屋顶的设计。

C. 图示说明

● 简约的视觉表现，完全跳脱老旧传统的思考（图 5-25）。

● 双斜边的盒顶带来视觉惊喜（图 5-26）。

● 一致的设计调性延伸至所有设计品项（图 5-27）。

● 其他系列的产品延用相同的设计调性（图 5-28）。

D. 市场评估

　　一系列的设计从包装延伸到产品说明书及手提袋，整体干净现代的设计调性为乌龙老茶带来新风貌，完全跳脱一般老茶给人的陈旧印象，在竞品环伺之下，轻易地展现自我风格。

图 5-25 ——
简约的视觉设计，突破传统茶包装的印象，让老茶更有新意

图 5-26 ——
外盒上端双斜边的结构设计更添加简约中的神秘感

图 5-27 ——
产品说明书到提袋视觉都保持一致的调性

图 5-28 ——
其他系列产品的统一包装调性

9. 游山茶访经典系列

遊山茶訪
YOSHAN TEA

A. 专案概述

游山茶访是中国台湾地区由嘉振茶叶自创的品牌，品牌创立初期推出各式各样的茶品及各种容量的包装，游山茶访除了几个自营的门市及茶叶博物馆贩售外，最为大宗的销售通路在于机场的免税店，此为高山茶的系列商品所做的包装设计。

B. 重点分析

中国台湾地区茶长期以来是好品质的代表，其中高山茶系列更是广受观光客所青睐，茶品的包装首重在茶的保鲜问题上，所以内袋采用铝箔真空袋是最安全方便的选择，传统习惯上也都使用有盖的马口铁罐，方便保鲜易保存，综合以上客观的包材条件，所以设计的工作重点将放在如何提升包装的质感。

因为包材已确定，唯一可创意的就是外盒的造型及材料，我们采用长方形盒。上下盖的简单结构，改以上盖长、下盖短的造型，这样就可以做比较完整的视觉设计，不会因为短上盖而不易处理视觉，在经验上常有上下盖的盒子，但视觉上都很难对准，我们就将上下图案分离处理，下座就用汝窑冰裂纹的图案来当底纹，上长盖就可处理两种茶的品名。

在颜色上我们用黑色上雾面 P，再烫银线及烫金线来作为区隔，让两者看起来有一系列感，内罐马口铁部分在黑色印有上消光效果，下面的汝窑冰裂纹部分就保留瓷器的光亮质感，整体上黑色与浅色对比，质感上亮与雾对比，浓郁的色彩更能传达中国台湾高山茶的特色。

C. 图示说明

- 简约的方盒造型，浓黑色加上繁复的烫金细线，整体透露出一点点的奢华感（图 5-29）。

D. 市场评估

上市以来此款包装设计在机场的商店销售量，据统计曾为观光客伴手礼排行榜之首，而已直销到中国大陆"游山茶访"品牌自营门市，嘉振茶叶自喻此系列包装为游山茶访品牌创立以来的经典代表款。

图 5-29————
内外一致的设计，但不一样的材质
及印刷后加工质感，让整体增加了
一些贵气

CHA
520
TEA BAR

10.CHA520 系列

A. 专案概述

咖啡，高调成为品味的代名词

茶，依然低调散发幽香的浓韵

手心温度新时尚

优雅文青爱喝茶

CHA 520 我。爱。茶

由中国台湾创意田公司开发的茶品牌，锁定年轻人的文创市场，品牌主张如上所述，提倡优雅文青爱喝茶，茶依然低调散发幽香的浓韵，由此切入设计包装。

B. 重点分析

"个性鲜明是我的特色，低调简单是我的本色，绚丽七彩，茶言观色"，是我们用于此包装设计的概念核心，传统市售茶包装都以马口铁罐居多，因应小量多样的文创通路。如采用公版铁罐，就少了些自己的特色，而现在市面上的茶商品已经多到不差一个、两个新品牌的消长，商品的包材从手工包到制式铁罐、传统圆纸罐，塑胶罐应有尽有。

消费者被大量的商品创意洗礼后，还有什么没接触过？还有什么是我们创意没想到的变成了一个挑战。而小量多样的包材，要思考的是制作加工的模组化，但是只要是模组化难免会有一些受限，再观察一个新品的上市，架上的排列面积大小，对于被注目率是相对重要的，所以决定推出七款茶组合。

　　我们采用七种亮彩的色卡纸，将结构做成立体粽子造型，选用手感上犹如触摸细绒布的进口纸质，在上面简单地用绢印印上白色的品牌，单个包大小适合作为访客的小伴手礼，这是中国台湾地区现行小公司、小品牌、小商品，所面临的现状，唯有变并把商品及包材以最小化来处理。

C. 图示说明

- 整体简约都会时尚的视觉表现，完全跳脱老旧传统的思考（图 5-30）。
- 七种色彩、七种茶组合创造视觉惊喜（图 5-31）。
- 大小适中自用、送礼小伴手（图 5-32）。

D. 市场评估

　　此系列上市后，在陈列上配合一些文创通路，设计了专属 POP 帮助促销，并在不同的通路，搭配不同的色彩组合（图 5-33）。

图 5-30 ————
立体粽形的结构，多面陈列多色组合

图 5-31 ———
七种色彩七种茶组合

图 5-32 ———
自用送礼两相宜

图 5-33 ————
各卖场陈列状况

第二节 | 饮料及水类个案解析

液体商品在包装设计上，最先要解决的是容器包材问题，而这又与内容物及厂商的生产设备有关，一般纸（利乐包）、塑胶、玻璃等为最大宗，因为这类包材开发已久又较稳定，使用后的回收及处理系统相对也较完善。除纸类在外形上限制较多，其他的包材在造型上可变化的空间就很大，但要注意的是，每类包材的成形方式及印刷条件都不一样，所以设计也需配合印刷工艺而有所改变。

1. 台湾劲水

A. 专案概述

台盐是中国台湾地区制盐机构，该机构研究人员发现由海平面几百米以下提取海水进入制盐的过程中，有许多充满微量元素的海洋深层水因此而流失，研发人员遂建议可以将制盐过程中原本当作废料的海洋深层水提炼作为商品来贩售，也可以为台盐增加营收。

B. 重点分析

此款商品原计划以高价水进入市场，销售渠道也非一般的通路，而是五星级酒店或是商务舱。因此厂商投入大量资源，从瓶形开始设计，为了营造稀有的珍贵感，特选用玻璃瓶为容器材质来进行规划。瓶形设计共提出三款方向，方向一：以海豚造型传递"劲涌台湾·尽现锋芒"；方向二：以海盐堆成的盐山造型，传递"登峰造极·无人能及"；方向三：则是中国台湾地区著名的灯塔造型来发展，象征"亚洲之光·显耀国际"之意。最后定案采用方向一"劲涌台湾·尽现锋芒"，此概念将中国台湾地区的岛形与海豚的身形相结合，由海里跃出，既呼应产品源头（海水）又经营台湾印象。透明的玻璃瓶身穿透感很强，瓶身的前方印上"台湾劲水"（闽南语发音近似"台湾真美"），背面则印上王羲之墨宝"劲"字，前后两个层次的穿透感更突显了水质的清澈无瑕。

这款容器属异形瓶，再加上玻璃材质，开模与生产过程简直是难上加难！此款商品并非大量流通的快速消费品，因此厂商并没有计划在初期即投入大量的生产，反而希望打造出收藏大于饮用的价值感。这款瓶形宽窄比例悬殊不小，再加上手工生产、不规则的玻璃材质，耗损率相当高。在进入开模之前，玻璃烧制师傅提出两个重点：瓶形最窄的宽度不得小于最宽处的三分之一，否则易断裂；另外，瓶口中心必须对应到瓶底的中心。要谨守这两个原则，既要有异形不对称的设计感、又要能站得稳，设计师与玻璃烧制师傅来回修改数次，终于能进入开模阶段。此支玻璃瓶是手工生产，因此每一只成品都是独一无二的，没有一模一样的两只瓶子。

瓶盖除了螺旋盖，另加了一个塑料外盖，为将来改色或换造型预留了伏笔。且为了避免消费者拿着外盖而拎起一整瓶，在咬口的紧合度刻意改为略松，消费者一拿起外盖即可与瓶身脱离，避免咬口没有咬紧瓶身，一拿起即脱落摔碎引起危险。

C. 图示说明

● 异形瓶在玻璃形身与塑盖咬合上，会有不密合的状况发生，所以先行用手工木模打样，以检验两者之间的结构（图 5-34）。

● 异形瓶无法上机器量产，只能用单模手工吹瓶，每天产量约在七百～八百瓶之间（图 5-35）。

● 用手工打造的玻璃瓶质感，让饮用者拿在手上，倍感尊贵，无论自用或送礼都属佳品（图 5-36）。

D. 市场评估

此款产品并非大量生产的快速消费品，虽然原本有计划投入快消品的市场，但是几经评估，最后还是决定仅做 VIP 珍藏的纪念瓶，毕竟一瓶定价约人民币 50 元的 700ml 饮用水属于奢侈品，能买来喝的消费者应该很少，愿意买来仅做收藏的消费者更是少之又少，但是能设计一款旗舰级的纪念水，也是一个特别的案例。

图 5-34 ——
左图为玻璃初坯与手工塑盖的咬合测试，右图为开模前的手工模

图 5-35 ——
手工瓶与上盖塑胶材质的吻合度，靠的就是老师傅的经验了

图 5-36 ——
手工打造玻璃瓶的质感，让饮用者拿在
手上，倍感尊贵

2. 波蜜系列

A. 专案概述

市面上的果菜汁一哥"波蜜"，是中国台湾地区久津实业公司的龙头商品，也是中国台湾地区果菜汁的代表。他们曾找过设计公司协助修整，但修正过头没有得到改善，反而影响了销售。有时修改一个旧包装比重新设计还难，约在 20 年前我们接手做包装的重整，并经过几年来果菜汁市场的发展，我们又陆续设计了一系列的商品包装。

B. 重点分析

在消费者的印象中，市售饮料包装只要是出现芹菜及红萝卜就代表着是果菜汁，这个印象是积于各厂商的果菜汁包装设计都一样，好的是消费者很容易找，不好的是各厂商都一样，谁能得到什么好处就各凭本事。

我们接到包装改善的指令是希望年轻时尚化，让年轻的消费者也能接受果菜汁口味，以扩大消费族群。我们思索着一个在同业中具代表性的商品（品牌），要留下什么与现有的消费者沟通，再来就是创造出什么新价值，去扩展另一群消费者（年轻族群）。

我们并没有拿着大刀乱砍，以为接一个知名品牌就尽力地表现，而抹煞原有品牌的价值，来创造个人的设计成就。一个商业设计团队要以理性客观的角度来思考，最后我们调整了波蜜标准的位置及大小，并把下面的水果及蔬菜重新排列，让它们看起来合理且颗颗皆新鲜，把群化的水果们提高，下方留白并加上阴影，整体看起来比原来满满的水果（没有呼吸的空间）更年轻时尚。

几年后波蜜也企图推出低糖的新口味，因当时的口感问题怕消费者无法接受，最后没有推出。近年来健康概念的商品已慢慢被消费者接受，才陆续推出低热量系列，包装虽保有了波蜜果菜汁印象，但也能清楚地分辨出两者的差异。

C. 图示说明

● 修整过的包装无论在各种包材上都有清盈时尚感（图5-37）。

● 低糖新口味的包装已到打样阶段，最后没有上市（图5-38）。

● 低热量口味的果菜汁，先推出400ml（76大卡）反响很好，再推出250ml（48大卡）抢攻女性市场（图5-39）。

D. 市场评估

一个老品牌能被消费者接受，其实重要的还是商品本身的品质，以及求新、求变来顺应市场。包装的改变都只是阶段性的任务，而在当下阶段性的时刻里，设计者只要好好地把品牌资产做横向的延伸就好。

图 5-37 ———
波蜜果菜汁 20 几年前的新包装

图 5-38 ———
波蜜低糖果菜汁 (打样品)

图 5-39 ———
波蜜低热量果菜汁的演变

le
tea

法式黑茶

3. Le tea 系列

A. 专案概述

Le tea 是中国台湾地区丰和丰年公司的旗下品牌，定位于年轻粉领的市场，并将推广主力放于流行音乐行销中，本次工作重点是如何将第一号口味延伸到未来的口味上且形象要一致。

B. 重点分析

Le tea 品牌的第一号口味，在包装设计上就很成熟，也有一定的消费群及喜好度。我们接受用第一号口味包装，来延伸到其他口味上，第一号口味是单一水果味，而未来商品的开发慢慢朝双口味的市场发展。

单一口味在色彩及图文的整合上较能集中，双口味在信息上就必须考虑到色彩的调和性，但又要塑造出口味的明视度，不论怎么配色，最后还是要有食欲感及甜美的口感，这是设计食品及饮料类包装不变的法则。

包材受限于收缩膜，并套于有菱线的 PET 瓶上，正面的视觉中心难免会受瓶上的两条菱线的影响，而收缩膜在印刷上渐层的细部会失色，很难将两色渐层融合得很顺。设计前如能知道这些包材印制条件，在提案及完稿上用特别色标准，从而避开这些不完善的技术。在包装上架前的工作流程中，我们就能少踩一些"地雷"。

C. 图示说明

● 第一款水蜜桃口味是以白色系为底，覆盆莓是第二款口味，在底色上采用大面积的红色来引起口感（图5-40）。

● 同样为奇异果单一口味，但采用两种不同的奇异果于一瓶，在色彩上就采用了两色叠印来代表两种奇异果（图5-41）。

● 同样为苹果单一口味，还是用红苹果及青苹果两种于一瓶，就采用两种特别色来叠印，要注意渐层的顺畅度（图5-42）。

D. 市场评估

当时红极一时的 Le tea 系列商品，搭着音乐行销的崛起，顺势推出延伸系列品牌 Le power 并与电玩及 "五月天" 乐队做结合（图5-43），而 Le tea 也推两个偶像团体的纪念款包装（图5-44）。

图 5-40 ——
采用大面积的红色作为
包装基调

图 5-41 ——
两色相近的色系在叠印时要注意色相的清晰度

图 5-42 ———

受收缩膜的印刷限制，要注意渐层的顺畅度

图 5-43 ———
电玩版及"五月天"乐队的纪念款

图 5-44 ———
偶像团体的纪念款包装

4. 动元素

A. 专案概述

AQUARIUS 的前身为水瓶座运动饮料，是可口可乐公司旗下品牌，在中国台湾地区以"动元素"重新上市，依据日本版包装的视觉元素延伸为中国台湾地区的包装，并再延伸至其他口味及其他包材上。

B. 重点分析

包装的视觉元素虽然是依据日本版来进行优化的，但在汉字（品牌名）与英文字的品牌团化处理上，两者的视觉平衡感要协调，再来就是水波底纹的处理，不是用四色套印而成，是采用单色来表现水波。所以在色调及层次上要处理偏硬调，才适合在收缩膜及铝罐上印制。

而底色虽然看上去感觉只有一色蓝色渐层，但其实使用了两色蓝色来套印，使渐层更顺畅，层次才能分明，而渐层蓝色又要有透明感，所以在收缩膜底层不能印白，但上面的品名及水波纹又是白色，整只包装看起来整体是蓝色调，但其中虚虚实实的印刷效果，在完稿上确实是下了功夫才完成的。

正好配合 2008 年的北京奥运会，第一波上市包装，就造势推出，奥运跆拳道运动员杨淑君与乒乓球运动员庄智渊以及日本蛙泳金牌获得者的北岛康介，作为新上市的推广主题版包装，在三人的影像处理上，为了配合包装的整体协调性，将他们做高反差单色调处理，用白色印于蓝色上。在铝罐上商品特性的图标，为了配合铝罐的凸版印刷技术，在小小的圆形内要做出渐层的效果，我们直接用像素的方式来使渐层顺畅。

C. 图示说明

● 主包装上市后，维他命口味的推出就依它的视觉延伸，让两支商品能有统调，又能区分出口味别（图 5-45）。

● 第一波上市的包装配合奥运推出主题版纪念包装（图 5-46）。

● 同样的设计元素，因为在不同的包材上，要用不一样的处理手法（图 5-47）。

D. 市场评估

　　重新上市的动元素，正逢奥运季，采用了选手推荐的策略，又在大量广告推波助澜下，容易被消费者接受。陆续在一些特定通路上上架，如可口可乐的自动贩卖机、高铁车上及一些小吃店，以新商品而言它的上架能见度是高的，所以很快建立了自己的市场，后续又推出 1500ml 大瓶装（图 5-48）。

图 5-45 ———
要有统调又能区分出口味是系
列商品的设计重点

图 5-46 ———
奥运主题版纪念包装

图 5-47 ———
要在铝罐的包材上呈现跟收缩一样的视觉

图 5-48 ——
上市后市场反应不错再陆续推出大瓶装

第三节 | 烟酒及其他类个案解析

烟酒类算是奢侈礼品，这类的设计手法常常会以拉高质感来表现。烟酒都是属于感性非民生必需品，因此商品的消费对象买的是一种感觉，而感觉的经营需通过质感来呈现，如再置入一些使用时的互动行为，或是一些高科技的材料组合较易提升整体质感。

其他家用杂货类的包装设计，大部分还是将商品信息及功效清楚地提供给消费者为原则，而功效的表现最好以使用后的情境比较能被接受。

1. 马蒂斯（Matisse）21 年苏格兰威士忌礼盒

A. 专案概述

马蒂斯多年来经营高级威士忌，深知产品要能满足不同消费族群，不能仅限关注高端消费者的饮用习惯，而忽略大众消费者的需求，因此精心设计出 21 年与 19 年的单一纯麦苏格兰高地威士忌，针对这两款产品设计礼盒。

B. 重点分析

为了表现酒的珍贵，常可见植绒裱褙或精致木盒的表现手法。此次为了表现出窖藏的神秘与珍贵，设计突破了旧有的盒装思考，以拉盒开启结构设计，当开盒时宛如启动窖藏威士忌的醇酿芬芳，让威士忌的璀璨光芒在内盒耀眼绽放，陈列时完美衬托出瓶身的弧线，将苏格兰的华丽与厚韵尽收眼底。

这款马蒂斯 21 年苏格兰威士忌，春节新包装采用金属质感的材质为配件，外加金黑搭配的手提袋，在节庆的氛围里送礼或自用，都能感受到马蒂斯的尊贵价值。

C. 图示说明

● 形式定案后，在视觉提案上提出较多方向来讨论（图5-49）。

● 以拉盒开启设计盒盖左右开启时，耀眼绽放能衬托出瓶身的弧线（图5-50）。

● 后续依此结构再简化所发展出的系列商品（图5-51）。

● 配套设计的外提纸袋（图5-52）。

D. 市场评估

　　21年的新年礼盒推出后，市场反响相当热烈，因此将同样的下拉结构盒应用在19年的同系列产品包装，表现洗炼简约的时尚感，礼盒结构呼应了开启的惊喜感，其特殊性也引起相当热烈的讨论。

图5-49———

形式定案后，在视觉提案上提出较多方向来讨论

图 5-50 ———
以拉盒开启设计盒盖左右开启时，耀眼绽放能衬托出瓶身的弧线

图 5-51 ———
后续依此结构再简化所发展出的系列商品

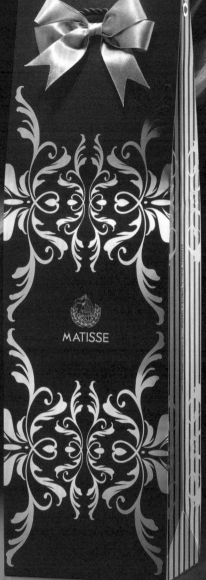

图 5-52 ———
配套设计的外提纸袋

2. 马蒂斯（Matisse）1972 年礼盒

A. 专案概述

为了让品酒人士尝到最高品质的单一纯麦威士忌，马蒂斯集团特别邀请调酒大师挑选出拥有宝石般价值的单一纯麦威士忌，推出 1972 年单一原桶（Single Cask）纯麦苏格兰威士忌，全球限量 196 瓶，市售价格约人民币 9000 元；另有 1972 年单一纯麦（Single Malt）苏格兰威士忌，全球限量 1021 瓶，市售价格约人民币 7000 元。

B. 重点分析

这两罐系列性酒品相当珍贵，在季节变化、阳光、空气、橡木桶、原酒等天然因素多重协奏下，所呈现出相当丰富层次的成熟风味，如同上帝赏赐给人类的奢华创作。由"挑战上帝的味蕾"概念出发，表现珍贵收藏的概念，在设计上想到了"书卷"的形式，一层一层包覆收藏，再一层一层惊喜开启，搭配钢琴烤漆的细腻质感，稀有不可多得的珍贵感，自然不言而喻！

这样开启的方式如同进行款待自己的仪式，也是一种享用珍品的仪式。跳脱产品本身的品质优劣，许多消费者在做高价消费的同时，就像是在进行一场自我催眠，而这自我催眠必须靠一种仪式来加深消费的价值感。

说得更明白些，许多高价的产品会以繁复的包装层次来提升产品的价值感与神秘感，借由一层一层包装的开启，开启的动作就是一种进入享受产品的仪式过程，少了这个仪式过程，似乎产品的价值感也跟着少了些。这是深层的消费心理，如同开启一个神秘的礼物，这份期待与兴奋，相信你我都曾有过。

想通了这一点，也就不难理解为何高价的商品会不惜成本投入包装设计，因为这就是不可或缺的仪式！

C. 图示说明

- 精致的奢侈品在包材选用上都很细致，为了方便提运及保护包装，专为它设计一个外箱（图 5-53）。
- 配套的产品说明书及新上市发表会的陈列（图 5-54）。
- 两款系列的设计以颜色及材质来区分（图 5-55）。

D. 市场评估

为了这两款威士忌的上市发表会，另外设计了陈列规划与相关制作物，增添整体高级神秘感。这两款威士忌的稀有性，仅有 1000 多瓶，深深吸引了许多专业品酒人士的关注。

图 5-53——
第一层外纸箱是保护包装，第二层包装是保护产品，所以除了保固还要好取用

图 5-54 ——
配套的产品说明书及新上市发布会的陈列

图 5-55 ———
两款系列的设计以颜色及材质来区分

3. 好家酿

A. 专案概述

中国台湾地区公馆农会所出品的好家酿，为酒类产品的品牌，品牌下之产品系以公馆乡所生产的各式特有的知名作物为原料，秉持传统酿酒制法而成，再以现代科技之产品包装技术保存。不仅具有公馆乡的农产特色，更因应消费者不同场合与饮用情境的需求，推出三种不同的酒精浓度酒品。

现以带有传统古朴的手工作风格与简约质朴的设计调性，结合"公馆佳酒，醇香佳酿"的形象，推广给一般大众，成为公馆乡农会最具代表性的酒品代名词。

B. 重点分析

中国台湾地区苗栗县公馆乡盛产多种珍贵优秀的农产作物，不论是红枣、紫苏、芋头，甚或有紫蜜之称的桑椹，品质优良的蜂蜜，都是公馆乡农会不断协助培育与推广的骄傲。除了享用新鲜的农产作物、加工鲜制的食品外，现在又多了一个更佳的选择：醇香的公馆家酒——好家酿。

好家酿是公馆乡农会的酒品加工厂，经过多年的努力研发，将公馆乡农产作物，以传统酿酒工艺生产所制造。为了嘉惠各类消费者需求，并推出浓、中、淡三种酒精浓度的酒品，让您不论是休闲自饮、好友欢聚或宴会宴客，都有很好的选择。好家酿的酒滴滴醇香温顺，入喉香气回韵，让您品尝到如同手工般的家酒风味。单品包装 6° 淡酒 200ml，以优雅直线形的瓶器为主，以切合女性主要消费群的需求。12° 酒 300ml，以长葫芦形的透明瓶器，让产品的色泽晶莹透出。45° 浓酒 300ml，同12° 酒的瓶器，但由于浓酒为蒸馏酒，无色透明。故瓶器采用咬雾效果的瓶器，以增加产品的质感。

为便利酒瓶的使用方式，并节省印制成本，瓶器上一律印制"好家酿"的品牌，不同口味以水滴状贴纸以不同色、字贴于瓶上（背面贴上成分等说明文字贴纸），再加上颈部吊卡将口味图腾、口味名称、酒精度数印制其上，以增加产品的识别度。

单品外盒以仿木纹纸张来表现手工的质感，为节省印制成本，统一以黑色印制品牌及底纹，相同瓶器设计，不同口味及浓度则以口味贴纸贴上。伴手礼组包装为了增加"好家酿"品牌的手工质朴风格，盒体及提把采用瓦楞纸板层层黏结成盒，内放两瓶酒（不再放单瓶酒的外盒，以节省包装量），上方开启处再以纸绳缠绕绑起。礼盒上单纯以黑色印上酒瓮、石墙的辅助图案，并将品牌标志溶入其中（图5-56）。

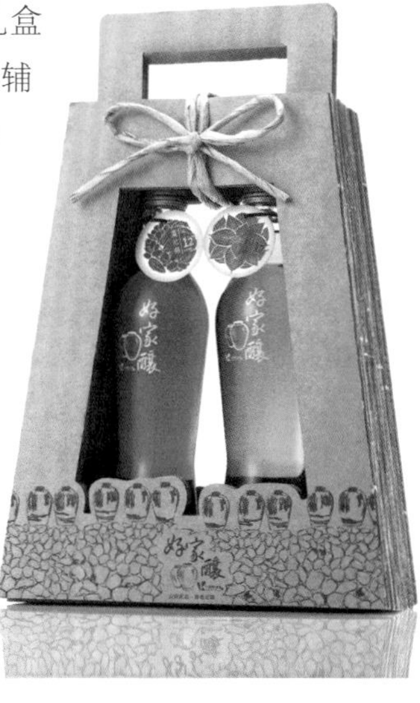

图 5-56 ———
一個貼心的設計，不在只是外表形象上的展現，而是整體型式的表現，這小小的瓦楞紙軋盒，在形象上它把兩瓶酒當主角，而型式上它用了回收瓦楞紙，是一個友善的設計方案

C. 图示说明

- 为省成本瓶形采用公模瓶，加印好家酿白色字（图 5-57）。
- 以回收的瓦楞纸轧形拼贴成盒子，再以纸绳缠绕绑起，突破以往酒盒的高价印象（图 5-58）。

D. 市场评估

　　以公馆乡当地特产自酿的手工酒，与市售大品牌的酒相比，在量上无法比，但在自营的农会特产门市贩售已供不应求，常见游客们人手一盒，自用或赠人皆适合。

　　对于地区性的农会产品，能在自己的通路上经营一个品牌，不靠广告，靠的是手工的温度感。对游客来说买的不是酒，而是一份对这片土地的认同。

图 5-57 ——
单瓶外盒采用木纹纸，凸版印黑色加上口味标贴让整体更有手工感

图 5-58 ———
适当包材的选用，加上方便开启的结构巧思，有时就是一个包装的决胜点

　　注：我们采用回收的瓦楞纸箱，选择相同厚度的瓦楞纸来制成盒体的内层，前后两层再使用新的瓦楞纸来印制，这才是真正落实环保包装的理念，当消费者打开伴手礼，见到是回收的瓦楞纸，更能感受企业的用心。

幸福
花醉

4. 幸福花醉

A. 专案概述

　　任何节庆的活动，用心的商人总会找到商机，中国台北市花博会期间所推出的商品不下千种，连酒商也可以提供商品来因应，这系列"幸福花醉"纪念花酒，是由中国台湾地区福禄寿酒厂所发售的应景纪念品。

B. 重点分析

　　为配合中国台北市花博会，福禄寿酒厂特别以花香为概念，调配了四款纪念花酒，以茉莉、野姜花、甜橙、玫瑰四种香型，52° 浓酒 135ml 的规格设计包装。

　　因为是采取限量商品制，所以在酒瓶的部分采用公版瓶，除了节省成本外也能配合上市的时效。外盒的设计以瓶形为主，为了使上细下粗的瓶形能固定在盒内，我们设计一个固定及缓冲的结构。通常在一些酒品或是易碎品的礼盒设计上，在内衬的固定及缓冲结构最为重要。而这类的商品重量都不轻，除了结构外，选择可适性的材质也是一个成功的关键。

　　内部的结构完成后，再来就是考虑盒子整体性的展示及使用方便性，我们用轧形的方式，在礼盒的正面挖个窗，以满足消费者眼见为凭的心态，能清楚地看到内容物，并避免礼盒都被打开检查而损坏。

　　礼盒体积不大，如要大方有气派，就需采用上下盖或是湿裱盒来呈现。此款小瓶纪念酒，以女性小清新为风格，我们采用上下抽取的结构，加上缎带为小提手。因为包材不贵售价不高，整体看起来又有贴心感，让游客比较轻松选购。

C. 图示说明

● 在瓶子的下半部印上一圈，以花果为纹路的白色线画，带出微醺的幸福美感，颈部再用收缩膜套上口味别（图 5-59）。

● 专为女性消费者打造，整体使用粉色系呈现小巧可爱风（图 5-60）。

● 内衬量身定做的设计，可固定及缓冲结构，巧妙地将商品稳固地置入礼盒中（图 5-61）。

D. 市场评估

此应中国台北市花博会开发的新品，在花博会期间被选为代表性伴手礼，也在中国台湾地区农委会主办的伴手礼推广发表会中受表扬。

除了上述的成绩，这良好的商品印象也延续到福禄寿酒厂所推出的商品，其中"芙月"米露水（做月子专用的水酒），更是同类商品中的知名商品（图 5-62）。

图 5-59 ———
公版瓶经过设计也能显现出的独特性

图 5-60 ————
一瓶一盒装，小巧可爱

图 5-61 ————
依瓶形量身定做的内衬，将商品稳
固地置入礼盒中

图 5-62 ————
月子专用的"芙月"米露水系列

5. 虹牌油漆

A. 专案概述

　　虹牌油漆是中国台湾地区的大品牌，由于国外的竞争厂商多，近年来无论在产品品质及功能上都不断地推陈出新。利用虹牌油漆改新的品牌形象之际，将线上的包装重新疏理，并延伸至全系列上。

B. 重点分析

　　不管是新屋旧屋，粉刷之后焕然一新的模样，总能让人心里萌生小小的幸福感。随着 DIY 技术的日益便利，改变空间的色彩，让舒适的空间为居家生活注入活力，是许多家事达人假日的休闲活动。

　　虹牌油漆新系列的设计，采用可爱丰富的插画手法来贯穿整体系列感。除了表现各款油漆不同的特性及用途，虹牌更想传达的是，让消费者在拿起虹牌油漆新系列商品的时候，能被有趣的图案吸引而会心一笑，激起对生活更多动人的美好想象。

　　包装材料由原来的马口铁罐改为 PP 罐，而标贴图案由原来的马口铁印刷，改为膜内贴标的技术，于 PP 射出成罐时一体成型，易清洗不刮伤，不用担心油漆的污渍影响到包装的美观。

　　整体设计在罐子上半部，以新品牌识别来作为固定的格式，多余三分之二的面积，再来表现产品的特色或功能，创造一些专用或是功能的图标将其固定于下面，把所有的信息定位及适当地规范好，以能教育消费者正确地选用产品。

C. 图示说明

● 整体可爱丰富的插画，有别于竞品用家庭生活照片的表现手法（图5-63）。

D. 市场评估

此系列的整体是用轻松活泼的表现手法与消费者沟通，让消费者感到油漆工作可以轻松DIY，不用专业人士也可以有专家的亲和性。

图5-63———

单瓶外盒采用木纹纸，凸版印手工感

6. 庄臣威猛先生系列

A. 专案概述

家庭化工类商品在日常生活中，已是不可或缺的必备品。世界各大化工厂无一不投入这个红海市场，在市售同类产品功效愈趋同质性，并没有差异化的市场里，唯有建立品牌的专业感及权威性，才能走出自己的蓝海策略。

B. 重点分析

这类商品在包装设计的要求上，主要能给消费者的直观感觉是功效及信息层次，是属于非常理性的包装设计工作，对一个设计者来说是很大的挑战，信息处理如果不到位，在货架上只看到一个大大的品牌标志，是打动不了消费者的，所以不是一个好做的包装类型。

消费者看到大大的品牌标志，只是接触包装的开始，看起来熟悉并认同的商品是有可能被拿起来看的第一步。再来如包装上无法快速并清楚地传达出此产品功效的信息，消费者会再把精力转移到其他的品牌或品项上，此时包装上再大的品牌标志也会变成一个负担。

在讲求分工分类的时代里，家化类商品也不例外，然而同品牌又同品类的产品群往往考虑到系列性的问题，首先会在容器造型上采用一样的容器，如果又采用同样的颜色，整体的分辨度就只能靠包装上的标贴了。

　　这些客观的包材条件，设计者只能当作是基本条件。从另一个角度来看，这也是消费者看到熟悉并认同的品牌整体印象，设计的责任就是好好地梳理产品的功效及特性，通过设计的编排，把信息做出层次，让消费者在 3 秒钟看到他要的资讯。

C. 图示说明

- 不论怎样的容器或瓶子颜色的差异，扣掉占据包装上一半的品牌识别，剩下的一半就是设计师发挥的地方（图 5-64）。
- 包装上的任何信息，所摆放的位置，图标的造型、大小及颜色，都有相对的视觉层次因果关系（图 5-65）。

D. 市场评估

　　庄臣威猛先生清洁系列，长期以来树立了属于自己的品牌形象，在此品牌资产下，每推出一款新产品，容易顺着这个形象延伸下去，但也很难，因为在强烈品牌形象的牵制下，又要把每支产品的功能表达清楚。

图 5-64 ————
同型同色的包材，消费者能分辨的就是包装上的信息了

图 5-65 ———
小小的使用环境的背景底图，有
时就是决定胜负的关键。种类标
贴让整体更有手工感

第四节 | 伴手礼个案解析

伴手礼是介于礼盒与单品之间，通常以"组盒"的形式贩售，中国台湾地区的观光产业发展中所衍生出的一种"类礼盒"的商品，它的设计会比单品来得多元，可以是自家商品的"组盒"，或是异业结合的商品"组盒"，可玩限量、限地域等，可提、可盒没有规则。通常消费者会期待这类伴手礼能物超所值，所以设计呈现要高贵但不贵。

1. 满汉肉松礼盒组

A. 专案概述

礼盒市场在年度的销售上占有极大份额，大众消费型的商品在逢年过节的市场上，都会推出一些礼盒组或伴手组等商品以因应市场上的需要，而礼盒内容往往是从平时所贩卖的商品予以组装或加上赠品等方式来组成的。

礼盒的销售目的除了增加销售业绩外，也能增加曝光率，引起消费者注意，在此提升品牌形象的贡献上有一定的力度。

B. 重点分析

一般消费者对于礼盒售价也是决定购买的因素之一，平时的单品售价多少，消费者都很清楚，也可以从卖场上查知。在组成礼盒后，消费者可轻易计算出此礼盒组的价值是多少，通常不太愿意多付出高于此价值的钱。因此，礼盒若售价过高将影响销售。企业因控制成本而不附额外赠品时，礼盒组的包材成本更是需要控制来设计（除非结构及包材能增加其附加价值）。

因考虑到包材的成本，设计时也因此而受到限制。一般的礼盒在贩卖时，消费者习惯以手提袋来装礼盒，为了满足这个需求，包材的成本势必又得增加，因此礼盒组往往是薄利多销的项目。

以满汉肉松、肉酥商品为例，平时贩卖价格是固定的，将两罐商品组合成礼盒来贩卖，消费者一算便知售价总和。而这种为了年节所促销的礼盒组，往往定价还必须低于平日的售价，这些增加出来的包材与手提袋成本，可能会严重消耗其利润。但为了顾及品牌的形象及因应年节礼盒市场的需求，却又不能缺席，因此在两难的情况下，此专案的设计重点，便是将原来高成本的礼盒改良成具有合理包材成本的形式，却仍不失礼盒的质感。

设计师经过思绪整理之后，发现原来单一商品本身的铁罐包材在保存及印制上都很好，只要稍加修饰即可表现出商品的质感，设计的重点应放在手提的方便功能上，这也是消费习惯上较大的突破点。于是将随盒所附的手提纸袋设计在礼盒组上，便可方便手提，又具有礼盒形式的功能。这样的设计，将其包材成本降低到只需原先的 10%，既达到客户的需求，又让包装具有整体性，而且在人工包装及运输成本上也降低了许多。

C. 图示说明

● 原来的礼盒成本很高，有底盒、内衬、盒盖及手提纸袋（图 5-66）。

● 单张纸展开，轧工成形，加上两色印刷，大幅降低了包材成本（图 5-67）。

D. 市场评估

　　在大量采用盒装形式的礼盒市场中，满汉肉松礼盒组采用直立式陈列，消费者可看到、摸到商品的内容物，心理上比较安心。而陈列面积少、卖相完整，只要是选定的就可以马上提走，在销售行为上也简便了许多。

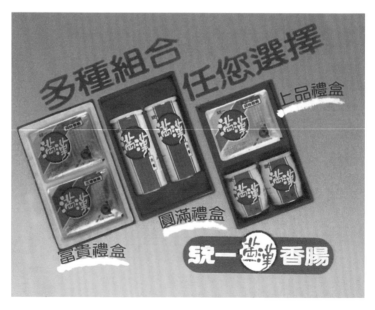

图 5-66 ———
原来的礼盒成本很高，有底盒、内衬、盒盖及手提纸袋

图 5-67 ———
单张纸展开，轧工成形，
加上两色印刷，大幅降低
了包材成本

2."品茶邮藏—B&W"系列　　品茶邮藏 B&W

A. 专案概述

由中国台湾地区创意田公司所自创的商品"品茶邮藏—B&W"，是将茶品与邮票相结合的一组礼品组，整体形象以黑与白（Black & White）强烈对比跳脱茶品的传统感。对年轻一代的消费者而言，借由个性化的包装设计颠覆沉闷印象，让喝茶成为一种时尚新选择。

B. 重点分析

茶，时尚新选择。在黑白冲突中取得平静，在黑白对比中取得平衡。沉浸茶香，唤醒味蕾与感动，完整体验茶文化。这是"品茶邮藏—B&W"的商品定位。

由专业制茶师傅手工炒制，特选五款茶品搭配对应，中国台湾地区"中华邮政"发行的茶叶邮票小全张，有别于市售茶叶产品的单一性，此组商品内附的邮票盖上产区的邮戳，更增添了本地文化的温润感及茶产区的标示性。

每一款茶叶口味搭配如：醍醐金榜（包种茶）、浓韵传说（铁观音）、舌尖满足（阿萨姆红）、味蕾醒觉（乌龙茶）、拥抱晨曦（东方美人茶），如同心情小语文字，让人看了会心一笑，微微触动心灵角落。

在礼盒组内附有一张设计师亲手签名款"台湾茶叶邮票"小全张，及中国台湾地区五大茶叶详细介绍及精彩创作过程。

C. 图示说明

- 以真空铝箔包作为单袋装，再放入多边梯形的纸盒内，外标贴作为品味的区分（图 5-68）。
- 每盒心情小语的贴心设计，由设计师手写而成，有别于一般打字体的制式感，增加些手工感（图 5-69）。
- 用五小白盒放置于大黑盒内，让收礼者先看见外黑盒，打开时看到小白盒，产生惊喜感（图 5-70）。

D. 市场评估

　　一家中小企业所研发的新商品，上市时在通路的开发上并非一蹴而就，尤其在文创礼赠品的大市场中，要被注意到确实不是一件容易的事。再好的商品概念，再好的计划，到了多变的市场，唯有适时的应变，成功与否就交给时间了。

　　不同特性的通路，有不同的陈列配合，有时在充满书香氛围的通路中，我们会建议将"品茶邮藏—B&W"裸陈列，文静昂首地在那里，因为这是限量的商品，仅给懂得质感的人（图 5-71）。

图 5-68 ———
制式的盒形，外面再贴上口味标贴，纸盒全部以卡榫成形，可以降低成本

图 5-69 ———
心情小语由设计师手写而成，增加些手工感

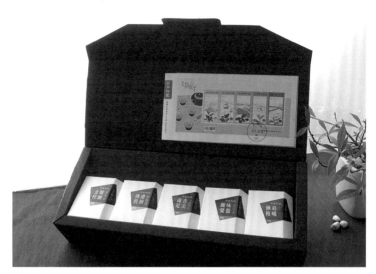

图 5-70 ———
黑白对比的设计，颠覆沉闷传统茶的印象，让喝茶成为一种时尚的清新感

图 5-71 ———
身处的环境中已有太多的叫卖，喝一口茶香，暂时抛开沉闷的生活，"品茶邮藏—B&W"没有华丽的包装，因为我们跟你一样不需要伪装

3. "麦维他 go Ahead!" 圣诞礼盒组

A. 专案概述

在西方节庆里，圣诞节、情人节的礼盒市场很受到年轻消费者的喜爱，主要贩卖糕饼类商品的企业更是不会放过这一年两次的重大销售热点。"麦维他 go Ahead!" 鲜果薄饼看准圣诞节的市场大饼，推出伴手组合礼，以因应圣诞节消费市场的销售。

B. 重点分析

礼盒市场分为礼盒组及伴手组，传统节庆中，如：新年、中秋节、端午节等是中国人文化中不可或缺的重要庆典，在礼盒市场中属于大型的传统送礼规格，各厂商一般都推出较大型的礼盒组来满足应景时的大量消费需求。而在西方节日中，如：圣诞节、情人节的礼盒市场，则属较小型、个人的送礼商品需求，一般厂商都会把重点放在商品的组合上，最常看到的是异业结合的商品组合形式的礼盒组。

年轻人间相互送礼，舞会、聚会等非正式的场合里，彼此互赠小礼物，以示好感。这种较偏感性形式的消费需求下，伴手礼的外观美感往往相当重要。"麦维他 go Ahead!" 鲜果薄饼，在圣诞节时推出的伴手礼盒组，因贩卖的时间很短（促销活动期往往是从圣诞节前两周到当天就结束的），无论在商品的组合，还是包装的设计上，都采取较机动性的策略。包材成本较低，而且也需要考虑到生产线上的组合方便性及物流的易配送性，这些设计前的整合动作非常重要，往往成功与否，都决定在前期的准备动作。

  由于考虑生产的机动性及降低包材成本等要素，"麦维他go Ahead!"的圣诞伴手礼，在创意上就采用低成本的环保回收纸浆为基材作为促销包的材料，将礼盒设计成房屋的造型，小巧可爱。屋顶的成形上，就以开模、灌浆成形的方式来处理，而底部则以厚纸折成盒形，再盖上纸浆成形的屋顶造型，整体便呈现出圣诞屋的趣味效果。底部盒形的大小可放入两包鲜果薄饼商品，而在屋形外面再套上彩色印刷的卡纸，便可更为鲜明地传达出圣诞节的视觉效果，使整体包装在货架陈列上能符合节日的销售气氛，又能将商品及品牌传达给消费者，让消费者能清楚快速地选购这组伴手礼。

C. 图示说明

- 原形提案时，屋形整体都是以纸浆成形，但底盒因生产模具技术的不纯熟，唯恐拖延了整体进度，因此最后改采用厚卡纸折成盒形替代（图 5–72）。
- 纸浆外盒套以彩色纸环，在设计上即可有较大的视觉表现空间（图 5–73）。

D. 市场评估

  应景礼盒市场的包装设计规划常与时间在竞赛，上市前的各个环节都不容马虎，而在竞争快速的礼盒市场里，要求成本低、创意新、组合快，常是设计师的最大挑战与考验，充足的事前准备工作常可帮助上市时呈现好的销售成果（图 5–74）。

图 5-72 ———
原形提案时，屋形整体
都是以纸浆成形

图 5-73 ———
纸浆外盒套上彩色纸环，在
设计上即可有较大的视觉表
现空间

图 5-74 ————
礼盒设计要求成本低、创意新、组合快，常
是设计师的最大挑战与考验

4. 立顿金罐茶业务推广组礼盒（Sales Kit）

A. 专案概述

立顿金罐茶是原装的进口罐装茶叶，主要贩卖于五星级饭店的餐饮部及高级西餐咖啡厅，以欧洲皇室高级精致的口味为贩卖重点。为了推广专业红茶的饮用茶道，特邀请日本的西方茶道大师来台举办金罐茶的新品上市发布会，发布会的邀请对象为五星级的厨师及贩卖通路的经销商等，并非针对一般消费者进行。

B. 重点分析

因应发布会的召开，不但要让与会者了解产品的特色，还要能试饮产品的特殊风味，除了必要的产品说明外，尚需要设计一款业务推广用的试用组合装（Sales Kit），整体感觉要与原商品的包装具有一致性。在这样的概念下，首先需要了解试饮包的分量有多少，才能进行设计工作。

厂商希望在这套试用组合装中，放入此次主力推广的四种口味，而试饮的茶叶量每一口味约可冲泡两杯。以上的需求厘清了以后，即开始进入设计工作。因发布会的时间在即，而且不希望在样品包装上花费太高的包材成本，因此便采用纸质为基材来设计，而且发布会的发放份数不会太多，采用纸质是最方便经济的方法。

首先要克服的是，如何将原商品的包装质感（八角形铁罐）延伸到纸质的样品盒中，因为原商品是采用马口铁压制成罐形，再加上盖子，整体呈现长八角形罐形，这样细腻的罐形结构要用纸质表现出来是有些难度。纸材可以用模切加压线的技巧，来表现各种多变的结构，而这一切都必须以可以生产糊形为原则。在盒子糊形时都需要压平等待糊胶干透之后，才能成为盒形。而在可压平的条件上就有一些限制，例如，一定要能对折或是偶数的对折，且对折压平时两边要等边等条件。

既然决定用纸材为包装基材，又要跟原商品的整体感呈现一致，所以在单盒的结构上沿用原八角盒的造型，做出迷你的小八角纸盒。当四个口味的单盒完成后，要如何将此四个小八角盒集合在一起，就有比较多的想法。试用组合装的主要目的是要让与会来宾或经销商在收到这份精致的小礼物时能产生兴趣，进而产生下订单的销售行为；在这样的目的下，设计便要满足这样的需求，于是将四个单盒一字排开，展示出正面，这样的展示效果最强。而且盒子的正面面积较大，可以清楚地标明四种口味，以展示其丰富性，让来宾与经销商能再一次地加深对此四种口味的印象。四个单盒再用一个特殊的结构纸盒放置，其造型是八角形盒颇为丰富，但在品牌的识别性上就比较弱了，因此就需要在外盒上加强品牌识别。

由于外盒正面的大部分面积用来展示四个单盒，因此在结构上就要再创造一些空间来经营品牌的形象。于是就在外盒的正前方创造出一个斜面空间，这部分正好是独立的一个平面，可以完整地传达出立顿金罐茶的品牌形象。而斜面的视觉角度正好与一般人的视线垂直，面积够大也清楚，视线再往上延伸，四个口味的单盒就排放在盒内。外盒的色系及品牌的视觉效果慢慢延伸到盒内的四个单盒，使其具有整体性。最后再套上一片透明的 PVC 片，于 PVC 片上烫金一个 L 字，加上同色系的手提纸袋，整体的质感就可完整地呈现出立顿金罐茶皇室尊贵的形象。

C. 图示说明

● 单口味的小盒包装采用可压平生产的结构（图 5-75）。

● 外盒梯形的斜面结构设计，可以独立且完整地传达出立顿的品牌形象（图 5-76），而整体是延伸原商品的视觉效果，使赠品与原商品整体表现出精致感（图 5-77）。

D. 市场评估

这款试用组合装，主要目的是要让来参加立顿金罐茶红茶茶艺说明会的来宾、采购人员、记者等能更直接、清楚地认识红茶的历史、茶叶等级的分类、专业泡茶、饮茶之道及红茶的口味、产地等知识，再进一步推展立顿金罐茶的专业、高等级的品味，而非市面一般普及消费性红茶，进而让这些五星级饭店的采购人员产生订购行为。这款试用组合装也不负使命完成客户要求，获得相当多的好评，甚至有人提议将其量产化，可以在一些特定通路贩卖。但实际执行上是有些难度的，因为它的内容量太少，售价不可能因包材成本而提高的情况下，要能拥有合理的利润，存在一定的难度，而且量产时需靠大量人工组合而成，也是成本会增加的因素。基于以上的一些条件，若要量产，需要重新再思考结构的方式，基于不同条件的设定，设计也需要跟着调整，才是适当的商业设计。

图 5-75 ———
单口味的小盒装压平
的结构

图 5-76 ———
梯形的斜面结构设
计，使整体视觉有延
伸的效果

图 5-77 ———
试用组合装整体感觉
要与原商品的包装具
有一致性

5. 立顿花酿茶情人节礼盒

A. 专案概述

主动开创商机是行销上的高明手法，节庆商品处处有，各家厂商都可以推出节庆商品。立顿花酿茶因商品属性关系，在情人节推出礼盒组，正可谓是制造商机进行促销的好案例。

B. 重点分析

在行销手法多元化的商业竞争中，常有异业结合的行销手法，双方因特殊的行销手法，结合在一起，彼此皆可产生一些利益。立顿花酿茶平时贩卖的是纸盒茶包，其产品特性亦很适合对饮分享的概念。在情人节这个充满甜蜜的节庆里，如何让花酿茶的香味充满在这个值得相互分享的日子里，就是这次行销的主旨。

虽然分享的概念产生了，但只有立顿花酿茶单品组合成情人节礼盒，则显得有点形单影只，异业结合正好克服了这些问题。Guylian 心型巧克力，在巧克力市场中有专属的独特定位，立顿花酿茶与 Guylian 结合，于情人节推出这款花茶巧克力情人节礼盒，在众多礼盒商品中，显现出其独特性。

两种商品本身的单包装就材积面积及视觉设计都不尽相同，如何将这两款商品结合在一起，将是这次设计案需考虑的重点。首先要设计出一个可以将两个商品置入的结构盒，纸材即是最能发挥结构性的素材，而且在生产时间及成本上也都是较经济的选择。

设计上利用模切、压线的方式将整张卡纸加以加工，再单面印刷，待盒子成形后，从外到内都能呈现整体设计感，更能将体积较小的 Guylian 巧克力衬高，使它能与立顿花酿茶在同一平面上，最主要的还是利用结构方式将 Guylian 巧克力盒卡紧，使之不易滑落或移位，以免收礼者打开盒子后，看到盒内的凌乱组合，产生不好的印象。

整张卡纸印刷、加工完成后送到包装工厂，再经过折盒成型、放入商品、装箱出货，在生产流程上没有太多的配件加工，而包材压平之后体积极小，折形省事方便，全部的生产成本、流程、时间等都是配合情人节的销售期而规划的。

C. 图示说明

- 整张卡纸单面印刷，利用刀模、压线的加工方式，使折型成盒后，能展现里外、双面印刷的视觉效果（图 5-78 ）。
- 而借由卡纸的厚度、两面折形增加挺度，能在成形后保护产品并具有展示的效果（图 5-79 ）。

D. 市场评估

节庆型促销商品在销售量上有一定的市场规模，各厂商都不愿放弃这个销售的时机，除能在销售数字上有好成绩之外，最主要的目的是不希望自己的商品在这标杆性的节庆促销中缺席，可以让特定消费族群增加对商品的印象，进而提升品牌的形象（图 5-80 ）。

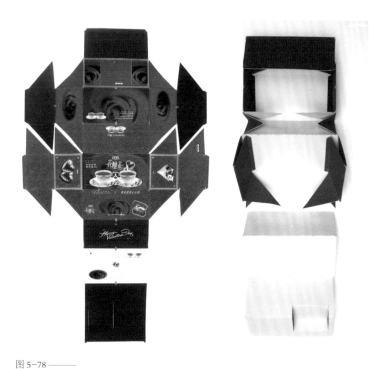

图 5-78 ——
单面印刷利用刀模、压线的加工方式，使折形成盒后能展现双面印刷的视觉效果

图 5-79 ——
借由纸的厚度、两面折增加挺度，能在成形后保护产品并具有展示的效果

图 5-80 ——
节庆型促销商品，各厂商都不愿放弃这
个销售的时机

6. 品茶邮藏——松烟限量款   品茶邮藏

A. 专案概述

中国台湾地区诚品松烟中国台北文创 Taipei New Horizon 开幕期间，与中国台湾地区创意田公司的自创品牌 2gather "品茶邮藏" 跨界合作，在二楼 EXPO 文创商场，推出 "品茶邮藏 × 中国台北文创" 限量纪念组。

B. 重点分析

"品茶邮藏 × 中国台北文创" 开幕限量纪念小礼组，包装造形灵感源自中国台北文创馆的外观，由许多不同尺度的圆弧拼组，面对都市道路的建筑北面，日本建筑大师伊东丰雄先生，在建筑立面的板柱上，分别以暖色系（橙黄、橘红）以及草地色系（青绿、碧绿）迎接走在道路上通勤的民众，设计风格相当耀眼可爱。

由中国台北文创馆外形转换而来的限量小礼组，形随机能的结构下，我们采用单片插卡的形式，将它建构成立体盒，中间再放入茶包，每盒都是纯手工，更具限量纪念的价值。

为显限量的尊贵感，在纸材方面特别选用进口美国可乐厚卡及德国丝绒卡，粗厚稳重及细滑精致的质感，两种相冲突的质感来呈现，并全部采用激光雕刻制作。

最后在顶盖面上，用激光半雕方式，雕上 "品茶邮藏 × 中国台北文创" 标准字，以彰显它的纯正性及典藏纪念的价值。

C. 图示说明

● 中国台北文创馆的建筑立面的板柱上，分别以暖色系（橙黄、橘红）以及草地色系（青绿、碧绿），设计风格相当耀眼可爱（图 5-81）。

● "品茶邮藏 × 中国台北文创"限量纪念组，包装造形灵感源自中国台北文创馆（图 5-82）。

● 纯手工一片一片地组合后，茶包再放入中间的空间，最后封顶，一个限量纪念组才完成（图 5-83）。

D. 市场评估

　　当一个一个的限量纪念组完成并在卖场的展售台上陆续地堆叠起来时，一切的努力表现为数大就是美的成果，这是一个限量商品，期待的就是有缘的消费者（图 5-84）。

图 5-81 ———
建筑大师伊东丰雄先生设计的中国台北文创馆

图 5-82 ———
包装取其意，形于外的"品茶邮藏 × 中国台北文创"限量纪念组

图 5-83 ———
每一片的组合，都看到设计的巧思及坚持

图 5-84 ———
数大就是美的陈列效果

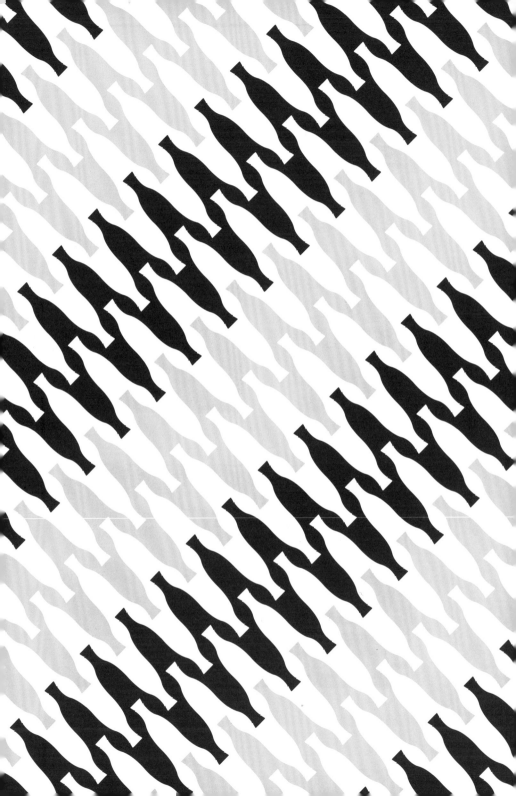

PACKAGE
DESIGN

第
六讲 ×

个案练习

PROJECT EXERCISE

有人曾提过：
向书学、向人学、向地学、向物学。
—
It has been told that learning acquires from books,
people, earth, and everything in the universe.

学习过程由基础到专题，从多元到专业，无论你接触过多少论述，看过多少篇文章，终究都是别人的经验及成果，有人曾提过：向书学、向人学、向地学、向物学。

本书前几个章节从包装的基本定义及功能、包装与品牌的关系介绍到未来包装趋势与个案分析，已有系统的论述及分享，包装结构的基础已达"向书学"的目的，不耻下问是求学问里最经济又实惠的好方法，身旁同侪交流、师长的专业修养及学术专长，都是"向人学"的好目标。

再来就是亲身体验了，有人为了更深入地去感受那种氛围，会到相关展场现场去感受，笔者曾在包装设计课程教学中，将同学带到大卖场去现场教学，那是一间活生生的教室，没有刻意的安排，一切都是真实的场景，其中一切理论论述，任何设计观点，都可以得到印证，这就是"向地学"的意义。

最后就是要亲自动手去制作一个包装结构，从实际执行中才能体验出种种细节，这是一个踏实的经验，它将会伴你走进包装设计的世界，以下几个练习就是开启你"向物学"的一扇窗。

第一节 | 礼盒设计 （提运练习）

礼盒形式各式各样，在包装设计中需要结构设计的地方也较多，而本节练习的主要目的是让各位实际动手设计一个礼盒包装，除了将内容物保护好外，重点放在不再另附手提袋，即能将这款礼盒直接提走，并在卖场陈列时也能清楚地展示出内容组合，所以本节的练习主轴为："提晃及运输练习"，在提晃时更不能让内容物分散。以下将用下列的"创意策略单"列表说明练习时该注意的事项。

1. 创意策略单

姓名				年　月　日
● 练习科目		提晃运输练习		
● 练习内容		将两罐圆形的玻璃罐置于包装结构内		
● 练习说明	目的	需将目标物置于盒内经提晃五次以上目标物必须不散落		
	产品介绍	两罐同大小的玻璃罐（内容物需装满）		
	对象	45~55 岁女性为主		
	通路	超市及百货卖场（实体通路）		
● 设计项目		一个结构完整（密闭或开放式）并有手提功能的礼盒		
● 必备元素		需将两罐有内容物的玻璃罐放入并可提动		
● 表现方向		易组装、易开启并方便展示		
● 结构材质		纸材及另一材料（自选一种）		
● 注意事项		可用黏结剂及其他方式接连		
● 练习方式		草图 → 电脑线稿 → 原寸白样模型完成		
● 时间进度		二周		
● 附件说明		图 6-1		

2. 评分标准

● 练习科目	提晃运输练习	
● 练习内容	将两罐圆形的玻璃罐置于包装结构内	
主观评分	目的达成度	10%
	对象精准度	5%
	通路陈列度	5%
客观评分	设计项目	20%
	必备元素	5%
	表现方向	30%
	结构材质	10%
	注意事项	5%
	练习方式	5%
	时间进度	5%

图 6-1 ———
本参考案例，是由一张纸及单面印刷（只印红黑两色）所设计而成，利用纸张自然弹性的特性，采用简单的刀模结构来制成，包装成品陈列效果强，购买后可直接提走，不必再另附手提袋，在成本及商品的组装上，都比原来传统盒式的成本及效率上节省很多，将省下的包材利润回馈给消费者，更能增加此款伴手礼的竞争优势

第二节 | 包装彩盒设计 （展示练习）

在包装设计工作项目中，一般彩盒的设计工作最为普遍，而本节练习的主要目的是加入一些视觉的学习，除了将内容物包好外，重点将练习放在卖场陈列展示时，消费者的心理感受，除了能清楚地展示外，还能具有堆叠的效果，有时卖场会以堆箱陈列的方式来配合促销，所以本节的练习主轴为："展示练习"在众多商品陈列于卖场货架上的视觉效果，将用下列的"创意策略单"列表来说明练习时该注意的事项。

1. 创意策略单

姓名		年　月　日
● 练习科目	展示设计练习	
● 练习内容	将一支有特殊功能的笔置于包装内并具有展示效果	
● 练习说明	目的	需将目标物置于盒内并能展示出特性
	产品介绍	一支有特殊功能的笔（如：给老人用的握笔）
	对象	无限制
	通路	百货卖场（实体通路）
● 设计项目	一个结构完整并有单支或两支以上的展示功能的彩盒	
● 必备元素	除设计项目的完整性，尚需加入视觉设计	
● 表现方向	易组装、易展示并需表现产品特性	
● 结构材质	无限制（最多只能用三种材料）	
● 注意事项	可用黏结剂及其他方式接连	
● 练习方式	草图 → 电脑色稿 → 原寸彩色模型完成	
● 时间进度	二周	
● 附件说明	图6-2、图6-3	

2. 评分标准

	练习科目	展示设计练习
	练习内容	将一支有特殊功能的笔置于包装内并具展示效果
主观评分	目的达成度	10%
	对象精准度	5%
	通路陈列度	5%
客观评分	设计项目	20%
	必备元素	5%
	表现方向	30%
	结构材质	10%
	注意事项	5%
	练习方式	5%
	时间进度	5%

图 6-2 ———

本参考案例，是将单支笔包装成可独自贩售的包装，市售的造型笔或是功能笔，多半是集中于一个容器中只靠一些 POP 来做说明，而有些案例是将单支具特殊手握功能的造型包装，并利用其刀模结构一体成形，用纸卡榫的方式将笔置入，在下面延伸出一张产品说明 DM，使整体可以站立在平台上，再配合一打装的小型纸展架，让它看起来时尚轻盈

以上作品为选手萧巧茹、王尹伶培训习作

图 6-3 ———

本参考案例，是力士洗发露新商品发布会时赠送来宾的礼盒，整体视觉调性以闪亮轻盈
为主轴，在礼盒结构上加入了互动的设计，当来宾依名次坐在自己的桌前，眼前呈现了
这款的礼盒，顺手掀开盒盖，内盒将慢慢地升起，最后呈 30° 角与来宾面对面，取下赠
送的手表，表上印有来宾的大名，这一刻的互动让所有的来宾都有闪亮的（巨星专属的
尊荣感）感觉，整体盒形成梯形的结构，与闪亮轻盈的主轴呼应

第三节 | 瓶型容器造型设计 （使用机能练习）

包装容器及瓶型的设计是包装设计中最具挑战性的工作，整体重点是使用机能的设计，除了内在材质与外在形式美学外，更要考虑到消费者在使用容器时的人体工学，尤其针对银发族或儿童商品，更要考虑他们的体能及使用场合的安全性。本节练习的主要目的是要设计出一只使用方便的瓶器造型练习，用下列的"创意策略单"列表来说明练习时该注意的事项吧！

1. 创意策略单

姓名		年 月 日
● 练习科目	使用机能练习	
● 练习内容	将设计一瓶食用油容器造型	
● 练习说明	目的	因造型结构设计能更方便地使用此容器
	产品介绍	5L 的食用沙拉油
	对象	25~40 岁女性消费者为主
	通路	大型量贩卖场（实体通路）
● 设计项目	设计一款 5L 的容器	
● 必备元素	方便提运，方便使用	
● 表现方向	轻盈时尚感	
● 结构材质	塑料	
● 注意事项	瓶高不超过 30cm	
● 练习方式	草图 → 电脑色稿 → 原寸平面色稿完成	
● 时间进度	二周	
● 附件说明	图 6-4	

2. 评分标准

● 练习科目	使用机能练习	
● 练习内容	将设计一瓶食用油容器造型	
● 主观评分	目的达成度	10%
	对象精准度	5%
	通路陈列度	5%
● 客观评分	设计项目	20%
	必备元素	5%
	表现方向	30%
	结构材质	10%
	注意事项	5%
	练习方式	5%
	时间进度	5%

图 6-4 ———

本参考案例，是一瓶传统容器的改造方案，市面上只要有强势品牌的出现，其他跟从品牌将会依其观察到的"表面资讯"而行其后，传统油品容器（5L）都是圆筒状，中间套上瓶标印上品牌，综观所有陈列各品牌都极类似，在卖场的视觉竞争下瓶瓶出色，最后只有看谁的广告投放力度大。

老二品牌要翻身，就需到差异点来切入，广告传播的事就交给专业，而设计师可以做的是从包装结构来思考，重新定位形象，当然就不能再用圆筒瓶，而新瓶结构设计见仁见智，客观的消费者使用的人体工学，就要好好琢磨琢磨

第四节｜自由创作 （环保材料使用练习）

环保议题是消费者与企业之间一个难解的课题，企业不断地在找替代包材，消费者也不断地在学习接受新材料。本节练习的主要目的是用环保的材料去设计一个包装，从练习中找到设计创新能与环保平衡，尽量以最不浪费材料的手法来设计，就用下列的"创意策略单"列表来说明练习时该注意的事项吧！

1. 创意策略单

姓名		年　月　日
● 练习科目		环保材料应用练习
● 练习内容		自由设定商品（以固体类为原则）
● 练习说明	目的	将自选商品用最省材、最环保的方式包装
	产品介绍	将自选商品的特色表现出来
	对象	自己设定
	通路	自己设定
● 设计项目		少耗材、少加工
● 必备元素		必须能量化生产
● 表现方向		原朴自然感
● 结构材质		需具环保概念不二次加工的材料（只能用二种材料以内）
● 注意事项		可用黏结剂及其他方式接连
● 练习方式		草图 → 电脑色稿 → 原寸模型完成
● 时间进度		二周
● 附件说明		图 6-5

2. 评分标准

练习科目	环保材料应用练习	
练习内容	自由设定商品（以固体类为原则）	
主观评分	目的达成度	10%
	对象精准度	5%
	通路陈列度	5%
客观评分	设计项目	20%
	必备元素	5%
	表现方向	30%
	结构材质	10%
	注意事项	5%
	练习方式	5%
	时间进度	5%

图 6-5 ———

本参考案例，是一只休闲手表的包装设计，从包装材料上就刻意避开一些亚克力类的珠宝盒式样，直接采用纸材来做设计，结构形式是采用火柴盒式，从底座盒插入上盖，借由传达出男性的豪迈感，盒内的缓冲功能是以木丝（屑）为材料，整体大方简约，从材质及色调的氛围都能传达出 POLO 品牌形象。

在底座盒的结构上，是采用折纸成形的方式，不必加工糊成形，而外盒上的金色缎带是唯一较不环保的尼龙材质，至少与其他品牌的包装材料相比，这个耐久材的 POLO 表的包装盒尚能达意了